研之有物

見微知著！

中研院的21堂
生命科學課

中央研究院
研之有物編輯群——著

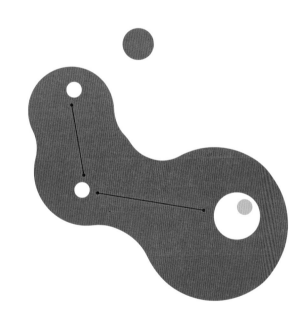

Part

生科
設計家

3

"
推薦序
走進研究最前線

廖俊智　中央研究院院長

　　2017 年，中央研究院創立「研之有物」科普網站，4 年多來橫跨數理科學、生命科學與人文社會科學三大領域，累積快 300 篇的科普文章，帶領讀者深入各個研究現場，揭開學術研究的神祕面紗，了解成果如何應用在生活之中，也縮短了專業嚴肅的學問與讀者間的距離。近年來陸續有同仁、朋友跟我分享，「研之有物」文章真的讓更多人知道中研院在做什麼！

　　中研院 90 多年來扮演國家基礎研究的重要角色，分屬三大領域的研究人員們分秒必爭地在關鍵議題上默默耕耘，卻仍把握時間善盡社會責任，不論是熱心參與院內外的科普演講、線上及實體活動，或接受採訪、授課，利用各種管道與年輕朋友互動，皆感受到大家渴求真理的無窮好奇心。

　　而在知識轉譯的道路上，透過不同媒介搭建起的橋梁，也能吸引更多元的讀者。因此，繼 2018 年出版人文與社會科學類《研之有物：穿越古今！中研院的 25 堂人文公開課》一書後，這次我們從生命科學領域精選 21 篇深獲好評的文章，經過編輯、整理，再加入全新內容，引領讀者進入結合尖端技術的創新研究。

　　中研院生命科學的研究在許多領域都有突破性的進展，例如在轉譯醫學領域，在病人用藥前進行基因篩檢，可降低藥害風險、找出疾病致病基因，亦是未來發展精準醫學之關鍵；此外，

為維繫糧食安全與生物多樣性，我們深入研究植物與農作物如何因應氣候變遷，並進行跨領域的南島研究，提出對生態保育的政策建言。

近年來，人類要面對的問題越來越複雜，應變時間卻越來越短；但結合眾人的努力，知識得以在人類社會發揮更大的力量。本書出版之際，全世界仍深受 COVID-19 疫情威脅。然而，人類面對百年一遇的瘟疫，能在短短一年內研發出疫苗，並非真的從無到有，而是奠基於 10 年前即研發出的關鍵技術，此次方能快速應用。如同書中的各類生命科學研究，或許在旁人眼中，目前僅邁出微小的一步，但相信，日後終能累積成推動人類進步的一大步。

本書收錄的 21 篇文章，涵蓋生物、醫療藥物及生物工程三大面向，帶領讀者從認識生物體開始，逐漸拓展至藥物治療應用面，甚至了解如何進一步利用生物工程預測未來、幫助人類避開危機，由小至大，見微知著。從破解動、植物基因密碼，可發現細胞遺傳關鍵機制、尋找斷肢再生的醫學潛力，亦能證實南島語族遷徙歷史；藉由科學研究及分析，人們更加了解吃進身體裡的食物、藥物，如何在體內發生反應、對人體有何影響；利用電腦運算，可模擬藥物作用，降低藥害風險；藉由重新設計細胞的功能，設法解決淨零碳排的難題；甚至探索與利用基因編輯技術，設法預防疾病。每項研究的起源都萌生於探索未知，每篇文章都能感受到科學家日以繼夜追尋真理的熱情，值得用心體會。

現在，準備好開箱中研院實驗室了嗎？

生物實驗室

PART 1

真菌如何獵殺線蟲？

寄生蟲治療藥物的新曙光！

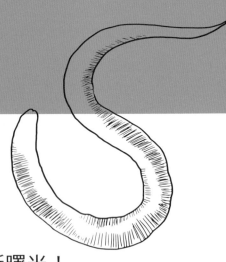

Lesson 1

掠食者 VS 獵物

● ● ● ● ● ● ● ●

　　自然界沒有一個物種是邊緣人，所有生物都是複
雜生態系的一分子。其中，掠食者和獵物、宿主和病
原菌是生態系常見的關係。以地球上數目最多的動物
「線蟲」為例，若我們能了解牠的天敵──線蟲捕捉
菌和杏鮑菇等真菌，是如何捕抓線蟲，就有機會找出
生物防治方法，對抗危害人類或農作物的寄生性線蟲。
這項研究，也正在中央研究院分子生物研究所薛雁冰
副研究員的實驗室，持續進行中。

❝❝ **肉食性真菌與線蟲的狩獵對決！**

「蟲」，有些人一看到就嚇得腳軟。但對於中研院分子生物研究所薛雁冰副研究員而言，顯微鏡下的蟲，尤其是線蟲，「牠們雖然小到肉眼看不清楚，但在顯微鏡下，卻有很多祕密要跟我們說」。

小小的線蟲和真菌，在顯微鏡下欲訴說的「祕密」，即是獵物和掠食者彼此如何攻防——這是生物非常普遍的關係。沒有任何物種可以單獨存在，為了存活下去，掠食者要抓準時機覺醒獵魂，而獵物則需想方設法避開被捕食的危機。

線蟲 VS. 真菌

顯微鏡底下的對決實況：真菌 A.oligospora（掠食者）長出黏黏的陷阱，黏住 C.elegans 線蟲（獵物），線蟲無法掙脫而變成食物。（資料來源：薛雁冰提供）

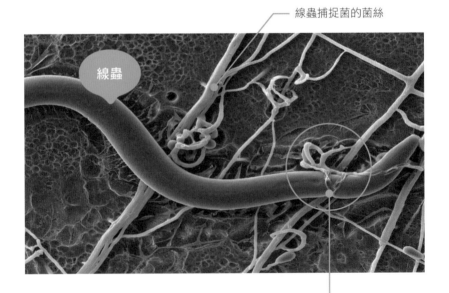

線蟲捕捉菌的菌絲

線蟲

線蟲捕捉菌的捕捉構造

這種史詩般的狩獵對決，激起薛雁冰的好奇心。分子生物學家雖然沒辦法將獵豹和羚羊抓回實驗室，但生命史短暫、可用遺傳學方式研究的線蟲和真菌（如線蟲捕捉菌和杏鮑菇），仍然可以在分子層次上回答薛雁冰關切的研究課題：

肉食性真菌不斷獨立演化出來，在生物學上代表什麼意義？分子機制又是什麼呢？

線蟲（門）是地球上數量最多的動物，真菌處處能遇到線蟲，而許多不同種類的真菌不約而同「獨立」演化出吃蟲的能力，值得深究。更令人驚奇的是，不同肉食性真菌捕捉獵物線蟲的機制截然不同。這個現象不但有趣，對未來發展出生物防治技術亦有關鍵啟發，因為許多寄生性線蟲也可能被相同機制殺死。

寄生性線蟲可能造成農作物生病、產量減少，有些則會危害人或動物的健康。若想對抗這些寄生性線蟲，可先了解線蟲的天敵如何抓住獵物，進而「偷師」這些殺蟲絕招。

薛雁冰實驗室選擇的 C.elegans 線蟲，雖然不是寄生性線蟲，卻是一種從 1970 年代迄今被廣泛研究的模式生物，在顯微鏡下扭來扭去，為科學家解開生命之謎。許多諾貝爾獎的重大發現，都要歸功於 C.elegans 線蟲的犧牲小我。

除了 C.elegans 線蟲，薛雁冰的實驗室也住著牠的掠食者、大自然常見的真菌──線蟲捕捉菌 A.oligospora 和杏鮑菇（沒錯，就是我們吃的杏鮑菇），這兩者在某些「飢餓」條件下都會捕食線蟲。這些吃線蟲的真菌，不是天生的戰鬥民族，而是當它們在缺氮的環境中餓到了，即會捕食線蟲以攝取養分。兩者殺害線蟲的手段不一樣，可以簡單想像成：線蟲捕捉菌擅長設「陷

阱」，而杏鮑菇專攻「下毒」。

❝❝ 獵魂覺醒！線蟲捕捉菌設陷阱捕蟲

　　當環境中的氮養分不足時，一旦真菌 A.oligospora 偵測到環境中存在著線蟲，就會形成黏黏的菌絲陷阱，等待線蟲自投羅網。而當 C.elegans 線蟲被真菌 A.oligospora 的菌絲陷阱黏住後，一開始仍會不斷掙扎，隨後逐漸氣絕身亡，最後慢慢被消化掉。

　　這段命案的過程，以及案發前後發生了什麼事？薛雁冰團隊透過遺傳學、基因體學、神經科學和分子生物實驗，像刑事鑑識中心般剖析出線蟲捕捉菌 A.oligospora 的五個犯案步驟：

真菌 A.oligospora 分泌多種化合物，味道很像 C.elegans 線蟲的食物和性荷爾蒙。線蟲透過嗅覺神經「聞」到後，會受到吸引並靠近。（資料來源：Hsueh YP, Gronquist M, Schwarz EM, Nath R, Lee CH, Gharib S, Schroeder FC, Sternberg PW〔2017〕. The nematophagous fungus Arthrobotrys oligospora mimics olfactory cues of sex and food to lure its nematode prey. *eLife* 6:e20023.）

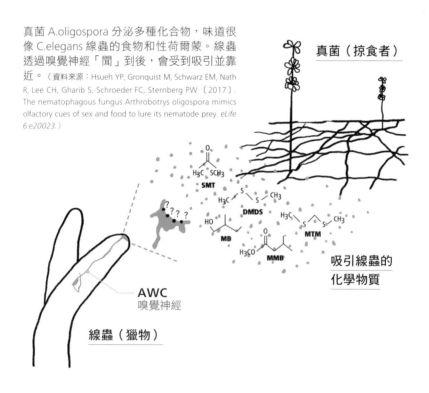

真菌（掠食者）

吸引線蟲的
化學物質

AWC
嗅覺神經

線蟲（獵物）

吸引獵物→發現獵物→設下陷阱→抓住獵物→飽餐一頓！

事情要從 C.elegans 線蟲的蟲生故事說起，牠從蟲卵長為成蟲大約只需兩日，終其一生只有兩個使命：成長、交配。而牠的天敵線蟲捕捉菌因為無法移動，需要想辦法「吸引」獵物上門。薛雁冰團隊發現，真菌 A.oligospora 看準線蟲隨時隨地都在尋找「交配對象」和「食物」，因此分泌出和線蟲性荷爾蒙相似的化合物，以及像線蟲食物的化合物，藉此吸引獵物。

線蟲捕捉菌 A.oligospora 如何知道獵物來了呢？請試著回想，當我們肚子餓了，要怎麼發現附近有食物？可能就是透過鼻子聞到食物的香味。線蟲捕捉菌 A.oligospora 也類似，當它偵測到線蟲身上特殊的「誘惑」，就知道要趕快設下陷阱、捕捉獵物。C.elegans 線蟲其實並沒有誘人的體香，而是會分泌稱作 Ascarosides（暫無中文譯名）的醣分子，這種醣分子的結構多達上百種。不同結構的 Ascarosides 醣分子，有些用於調控線蟲自身的發育，有些作為尋找交配對象的語言。

身為掠食者的真菌 A.oligospora，知道這些 Ascarosides 醣分子是線蟲的必要分泌物，只要學會辨識這些醣分子，就能偵測身邊有沒有好吃的線蟲靠近，迅速長出黏黏的菌絲陷阱黏住線蟲，最終將其化為肚中物。

" 用毒高手！杏鮑菇的麻痺術

杏鮑菇也是線蟲殺手，但擅長「用毒」！它們不管環境有沒有線蟲，只要「餓了」就會分泌毒素。一旦線蟲誤入毒素範

一般菌絲與有線蟲誘惑的菌絲

即使環境中氮養分不足,線蟲捕捉菌 A.oligospora 還是只有一般菌絲(左圖)。但若偵測到身邊有好吃的線蟲,它們就會趕快長出黏著的陷阱(右圖)。(資料來源:Vidal-Diez de Ulzurrun G, Hsueh YP〔2018〕. Predator-prey interactions of nematode-trapping fungi and nematodes: both sides of the coin. *Appl Microbiol Biotechnol, 102: 3939.*)

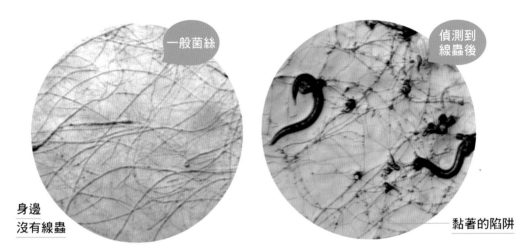

一般菌絲

偵測到線蟲後

身邊沒有線蟲

黏著的陷阱

圍,毒素會立刻從線蟲神經細胞末端的感覺神經纖毛,竄進線蟲全身,引起神經細胞和肌肉細胞的鈣離子迅速大增,導致肌肉劇烈收縮、麻痺,接著全身細胞壞死,線蟲很快一命嗚呼。哪怕只有一顆細胞的神經感覺纖毛接觸到毒素,線蟲也難逃一死,毒性厲害非常。

「面對肉食性真菌,線蟲的感覺神經纖毛是牠的阿基里斯腱。」薛雁冰總結。

奇特的是,雖然這個毒素會引發全身麻痺,但這種麻痺並非藉由「神經傳導物質」傳遞訊號而造成。簡單來說,這個毒素不需要透過神經來傳遞麻痺訊號,即可造成全身麻痺。這項發現在生物防治上極富意義,因為目前所有的寄生蟲治療藥物皆是調

真菌 VS. 線蟲

杏鮑菇的毒素會引起線蟲神經細胞和肌肉細胞的鈣離子突然增加，導致肌肉劇烈收縮、麻痺，接著全身細胞跟著壞死，線蟲很快就一命嗚呼。（資料來源：Ching-Han Lee, Han-Wen Chang, Ching-Ting Yang, Niaz Wali, Jiun-Jie Shie, Yen-Ping Hsueh〔2020〕. Sensory cilia as the Achilles heel of nematodes when attacked by carnivorous mushrooms. PNAS, 117〔11〕6014-6022.）

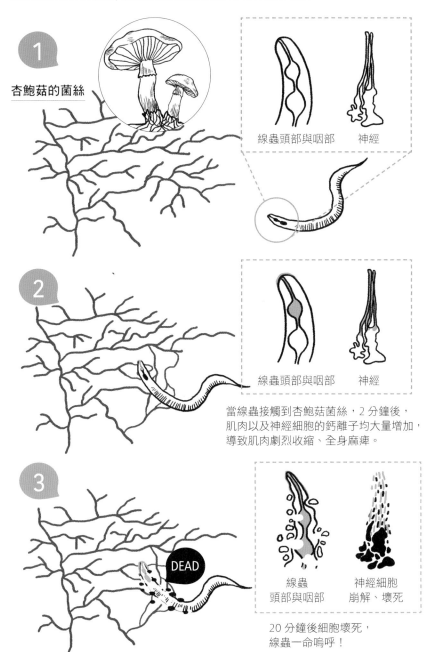

1 杏鮑菇的菌絲

線蟲頭部與咽部　神經

2

線蟲頭部與咽部　神經

當線蟲接觸到杏鮑菇菌絲，2 分鐘後，肌肉以及神經細胞的鈣離子均大量增加，導致肌肉劇烈收縮、全身麻痺。

3

DEAD

線蟲
頭部與咽部

神經細胞
崩解、壞死

20 分鐘後細胞壞死，
線蟲一命嗚呼！

線蟲的阿基里斯腱：感覺神經纖毛

線蟲的感覺神經毛位於神經細胞的末端，功能是接收外界訊息，在線蟲與真菌的戰爭中，成為杏鮑菇毒素入侵的破口。（資料來源：薛雁冰提供）

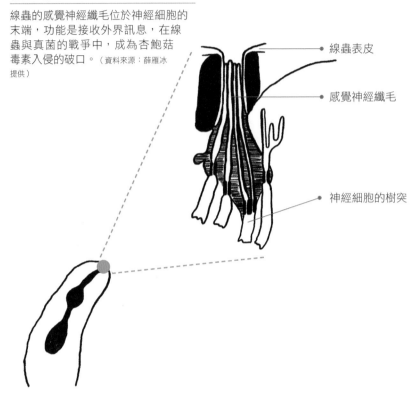

- 線蟲表皮

- 感覺神經纖毛

- 神經細胞的樹突

控神經活性，但許多寄生蟲已產生抗藥性，薛雁冰團隊找到的杏鮑菇殺蟲途徑，有別於調控神經活性，而且這個機制也出現在其他線蟲身上。如此，研究員便可望另闢蹊徑，找到新型寄生蟲治療藥物。

❝❝　線蟲與真菌的演化軍備競賽

未來，薛雁冰團隊仍會繼續拼湊出線蟲與真菌的完整故事：

「線蟲的哪些 Ascarosides 醣分子，會引誘線蟲捕捉菌長出陷阱？在千萬年的共同演化中，線蟲是否不甘於挨打，也演化出反制的機制？杏鮑菇的毒素究竟是什麼？」除了觀察短時間內獵物和掠食者的攻防戰，研究團隊也透過實驗操作來觀察兩者長時間的演化軍備競賽（Evolutionary arms race）——獵物如何經由基因和性狀的變異，提升自己的防禦值，成功存活下來後，便可以將這組基因遺傳給子代；同時，掠食者也會發生基因和性狀的變異，提升自己的獵殺能力。

當線蟲和線蟲捕捉菌打得火熱，它們可能沒想到，旁邊正有一群好奇的研究者，一邊透過顯微鏡觀察戰況，一邊經由實驗解析雙方的戰鬥力與防禦力。為了將來的寄生性線蟲生物防治發展，讓我們對這些在實驗室犧牲小我的線蟲們，致上最高的敬意。

中研院分子生物研究所的薛雁冰副研究員，手上拿著線蟲娃娃，身旁一盒盒培養皿住著線蟲捕捉菌（一種真菌）。

開拓新領域的勇氣！

破解真菌與線蟲對決之謎的薛雁冰

" 真菌獵捕線蟲研究幕後

　　掠食者和獵物的對決，是生態系中非常普遍的重要現象。中研院分子生物研究所副研究員薛雁冰與團隊，透過觀察真菌如何獵捕線蟲，從野外採集、實驗室驗證、建立更好的模式菌株，

到自行研發分析軟體，步步開展出重要發現。原創性的研究成果頻頻登上《美國國家科學院院刊》（PNAS）等國際期刊。接下來就跟著我們一起走進薛雁冰團隊的研究現場！

嘗試開創新領域，找到原創性主題

透過本章的介紹，我們知道薛雁冰團隊發現了微觀世界的狩獵現場：線蟲捕捉菌設陷阱、杏鮑菇下毒捕食線蟲，而這些殺蟲機制將對生物防治帶來全新的可能。但更寶貴的是，薛雁冰最初研究這個課題之時，科學家對於食蟲真菌和線蟲互動的分子機制所知甚少——她可說是開路先鋒。

「科學家估計地球上的真菌約有五百萬種，目前研究者真正了解的，只有酵母菌、麵包黴及一些病原菌等十多種真菌。但自然界還有一些非常有趣的真菌，幾乎沒有分子層次的研究。」薛雁冰感性地回憶，「非常感謝我在加州理工學院博士後研究的指導教授保羅・史坦柏格（Paul Sternberg）願意支持我的想法，讓我在他的實驗室中嘗試開啟一個新領域，利用模式線蟲 C. elegans，來探討食蟲真菌跟線蟲之間的掠食者—獵物的交互作用、分子機制和共同演化。」

回到台灣，在中研院建立自己的實驗室之後，薛雁冰繼續帶領團隊拓展食蟲真菌的研究，一步步拼湊出食蟲真菌獵殺線蟲的分子機制。

但要當個開路先鋒可不容易，從找到有價值的原創性主題、建立更好的模式生物，甚至打造分析工具，每往前一步皆須面臨更大的未知。這些原創性的貢獻，讓研究成果頻頻登上如《美國國家科學院院刊》等國際期刊。

❝❝ 野外採集，驗證實驗非空想

薛雁冰團隊發現，線蟲捕捉菌 A.oligospora 會透過五個步驟捕食 C.elegans 線蟲：吸引獵物→發現獵物→設下陷阱→抓住獵物→飽餐一頓。但在大自然中，線蟲和線蟲捕捉菌真的會碰在一起，並如同在實驗室般「打得火熱」嗎？為了獲得解答，薛雁冰團隊穿梭台灣山野間進行採集。結果發現，台灣三分之二的土壤均存在線蟲捕捉菌，而線蟲又是數量最多的動物，兩者果真常常「同在一起」。

他們也從泥土中分離出各種線蟲和真菌，整理大自然中哪些線蟲和哪些線蟲捕捉菌生長在一起，在實驗室測試它們的互動，

薛雁冰團隊的採集點

為了研究線蟲和線蟲捕捉菌在自然界的互動關係，薛雁冰團隊到台灣山野間採集，從泥土中分離出各式各樣的線蟲和真菌，並整理在大自然中哪些線蟲會和哪些線蟲捕捉菌生長在一起。（資料來源：薛雁冰提供）

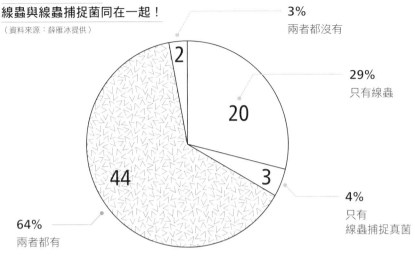

台灣 2/3 的土壤，
線蟲與線蟲捕捉菌同在一起！
（資料來源：薛雁冰提供）

3%
兩者都沒有

2

20

29%
只有線蟲

44

3

4%
只有
線蟲捕捉真菌

64%
兩者都有

比方說：某種線蟲捕捉菌是不是什麼線蟲都吃？還是只吃幾種線蟲？結果發現，線蟲捕捉菌「不挑食」，什麼線蟲都吃，狩獵關係果真「普遍存在」所有的線蟲與線蟲捕捉菌之間。

發現超強菌種，建立研究好素材

研究過程中，薛雁冰也發現從菌種中心獲得的線蟲捕捉菌標準菌株「有點弱弱的」，不利於研究。

怎麼辦？那就自己建立新模型！

他們從野外採集的線蟲捕捉菌中，找到一些狩獵能力較強的菌株。這些菌株可以產生很多捕捉構造，而且長出捕捉構造的速度比較快，因此殺死線蟲的速度也更快。這些超強菌株能成為絕佳的模式菌株，讓科學家更容易研究線蟲捕捉菌如何長出捕捉

研之有物

構造，捕捉獵物需要哪些基因。

　　薛雁冰也以基因體定序加上基因體剔除法，破解超強菌株的狩獵力祕密：G 蛋白。在線蟲捕捉菌身上，G 蛋白負責對細胞傳遞外界的訊號，薛雁冰發現，這個蛋白能傳遞外界有線蟲出沒的訊號，促使細胞長出捕捉構造。如果沒有這個蛋白，線蟲捕捉菌就無法發育出捕捉構造，只能讓「到嘴的肥蟲」逃走。

❝❝ 戰鬥防禦力分析工具

　　線蟲和真菌的實驗樣本要耐心尋找，分析它們戰鬥防禦力的工具也要費心開發。如果你曾經把麵包放到發霉，有天驀然回首，你會發現麵包已長出一塊一塊的黴菌菌絲，而且很難精準描述其生長速度、生長範圍、菌絲長度。實驗室裡的線蟲捕捉菌（真菌）也是類似的情況。

隨著時間增加 ......

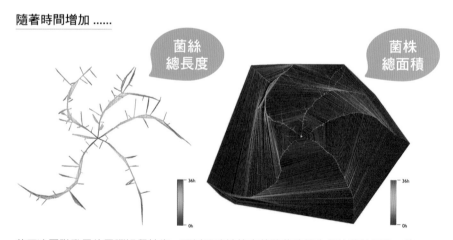

菌絲
總長度

菌株
總面積

薛雁冰團隊發展的電腦視覺技術，可以明確計算真菌隨著時間生長的菌絲長度、菌株面積。（圖片來源：Guillermo Vidal-Diez de Ulzurrun,Tsung-Yu Huang,Ching-Wen Chang,Hung-Che Lin,Yen-Ping Hsueh〔2019〕. Fungal feature tracker〔FFT〕: A tool for quantitatively characterizing the morphology and growth of filamentous fungi. *PLOS Comput Biol. 15*〔10〕: e1007428.）

在薛雁冰實驗室中，博士後研究員葛林墨 · 維達爾—迪茲（Guillermo Vidal-Diez）透過電腦影像視覺分析的技術，自行發展出可以「定量」描述真菌生長的工具，如左頁圖所示。

這個電腦視覺技術可用來比較野生型的真菌和突變型的真菌，兩者菌株生長情況有何不同。進一步搭配基因體定序技術，有助於找出菌株表現型（phenotype）的差異，和其基因型（genotype）之間的關聯性。

具體來說，例如：當我們發現某株真菌怪怪的，菌絲分岔特別多，那麼我們可以比較怪怪的真菌和正常的真菌，兩者基因哪裡不同，就能找出是哪個基因專門在控制菌絲生長的分岔程度。

「我們除了觀察線蟲和線蟲捕捉菌，在顯微鏡底下如何展開獵物和掠食者的對決，也好奇它們之間的交互作用，如何影響著它們各自基因及性狀的改變，以提升存活下來的機會。」這項研究工具將可望加速真菌相關研究的進展。

隨著科學技術的快速發展，如今做研究已比過去快上許多。例如，以前要花上數年才能找出突變線蟲的基因變異所在，現在只要一、兩個月，就能藉由遺傳學的分析、加上全基因體定序，快速找出是哪些基因發生變異，造成突變線蟲的性狀改變（例如外型、神經系統的發育，或是行為發生改變），因此能躲過線蟲捕捉菌的吸引和陷阱，逃過被捕食的命運。

「這些快速發展的技術和工具，提供我們一個很好的時代，再次利用『遺傳學的強大力量』（the awesome power of genetics）來研究生物學上重要的問題，」薛雁冰說，「這些工具讓我有勇氣去探索『非模式物種』（non-model organisms）的奧祕，開拓新領域，建立起我們的原創性研究課題。」

" " **延伸閱讀**

Lee, C. H., Chang, H. W., Yang, C. T., Wali, N., Shie, J. J., & Hsueh, Y. P. (2020). Sensory cilia as the Achilles heel of nematodes when attacked by carnivorous mushrooms. *PNAS, 117(11), 6014–6022.*

Vidal-Diez De Ulzurrun, G., & Hsueh, Y. P. (2018). Predator-prey interactions of nematode-trapping fungi and nematodes: both sides of the coin. *Applied Microbiology and Biotechnology, 102(9), 3939–3949.*

Vidal-Diez De Ulzurrun, G., Huang, T. Y., Chang, C. W., Lin, H. C., & Hsueh, Y. P. (2019). Fungal feature tracker (FFT): A tool for quantitatively characterizing the morphology and growth of filamentous fungi. *PLOS Computational Biology, 15(10), e1007428.*

Yang, C. T., Vidal-Diez De Ulzurrun, G., Gonçalves, A. P., Lin, H. C., Chang, C. W., Huang, T. Y., Chen, S. A., Lai, C. K., Tsai, I. J., Schroeder, F. C., Stajich, J. E., & Hsueh, Y. P. (2020). Natural diversity in the predatory behavior facilitates the establishment of a robust model strain for nematode-trapping fungi. *PNAS, 117(12), 6762–6770.*

人類的斷肢
有可能再生嗎？

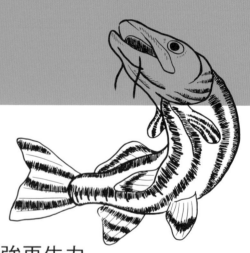

探索斑馬魚的超強再生力

Lesson 2

為什麼研究「再生」？
● ● ● ● ● ● ● ●

　　自然界中，許多生物受傷後具有再生能力，但這些組織與器官是如何啟動再生機制，至今人們仍然不了解。例如，切斷蠑螈的手臂和手指後，不同部位再生所費時間竟然相同。在中央研究院細胞與個體生物學研究所，陳振輝助研究員與其團隊以基因突變篩檢出失去再生能力的斑馬魚，進行深入研究，了解再生過程的分子機制，期待有助於再生醫學的發展。

奇蹟般的再生現象

　　在古代，希臘神話中的怪物九頭蛇與海格力斯大戰時，九頭蛇被砍斷頭顱後，依然可以不斷再生。在現代，Ｘ戰警系列電影中的金鋼狼，也具有驚人的再生能力，傷口可以在短短幾秒內恢復。從這兩個故事看來，人類從古至今對於再生能力既恐懼又羨慕。

　　再生並非只存在傳說中，自然界也有奇蹟存在。例如，蠑螈雖然是低等的脊椎動物，但被截斷的手臂切面，可以再長出神經、骨頭、血管與肌肉，再生出完好的手臂。斑馬魚和渦蟲，也都具有很強的再生能力。

　　蠑螈需花費 30 至 60 天才能再生一隻完好的手臂，不像金鋼狼那麼誇張，可以瞬間再生。若我們能了解哪些關鍵會觸發再生機制，也許有一天人類也可以斷肢再生。

找找看，能發現失去再生能力的基因突變斑馬魚嗎？被截斷的尾鰭是個指引。

「所有人都對再生充滿好奇，並不是科學界才對再生研究感興趣！」在陳振輝的實驗室，研究團隊正透過科學化的方法，以斑馬魚為研究對象，探索傷口修復和複雜組織再生過程中，細胞們如何運作。

❝❝ 透過斑馬魚畫出「再生藍圖」

人類的肢幹一旦受傷斷裂，傷口癒合後就形成斷肢，無法再生。但若是截斷斑馬魚尾鰭、用強光破壞視網膜、用細針攪爛一側的大腦，甚至剪斷脊椎這種極端方式，斑馬魚都可以完整再生這些複雜組織。

以脊椎再生的模式為例，斑馬魚一開始會因缺乏神經連結而無法游動，躺在水缸底兩個禮拜。但待神經重新連結、表皮癒合後，斑馬魚又能再次成為一尾活龍、游來游去。

透過這段觀察，陳振輝團隊想回答兩個問題：再生如何發生？再生機制為何會發生？

再生機制，涵蓋「表皮細胞、骨頭細胞、神經細胞、血管細胞」等運作，就像蓋一棟房子，需要不同材料、不同步驟進行。例如，殘肢上的細胞要移動、增生、分化產生新組織，同時也要跟舊組織溝通整合，來讓新生的手臂或尾鰭具有正確的大小、形狀和功能。

陳振輝透過 Skinbow 多顏色細胞標誌技術，以不同顏色標記斑馬魚體內不同的細胞，觀察再生過程中細胞如何移動、如何分工合作，藉以建立一個工程藍圖。同時，他也運用這個藍圖，展示三維空間裡各式細胞如何互動、建構複雜組織，並觀察能否移轉到其他生物上，也蓋出名叫「再生」的房子。

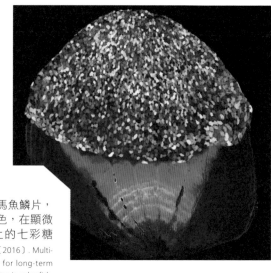

斑馬魚鱗片

經過 Skinbow 處理的斑馬魚鱗片，不同細胞被標記不同顏色，在顯微鏡下如同冰淇淋甜筒上的七彩糖珠。（圖片來源：Chen et al.,〔2016〕. Multi-color cell barcoding technology for long-term surveillance of epithelial regeneration in zebrafish. *Developmental Cell 36*〔6〕, *668-680.*）

" " Skinbow：研究再生的繽紛驚喜

　　環顧陳振輝實驗室中色彩繽紛的照片，彷彿藝廊展覽。照片中所採用的 Skinbow 多顏色細胞標誌技術，點子來自於陳振輝在美國杜克大學醫學院的細胞生物學實驗室中，看到同事維卡斯・古普塔（Vikas Gupta）成功運用 Brainbow 多顏色細胞標誌技術，觀察斑馬魚心臟的發育與再生過程。

　　Brainbow 由吉恩・李維特（Jean Livet）於 2007 年時建立，當初是為了觀察老鼠的大腦神經，其基本原理是利用基因重組的方式，隨機將紅綠藍三原色的螢光蛋白，在個別細胞上表現不同的數量。如此一來便能產生上百種顏色，標誌每一顆細胞，並且觀察每顆細胞的運作狀態。

　　結合「大腦」的實驗及「彩虹」般的色彩表現，這個以多種顏色標誌細胞的技術，便稱為 Brainbow。

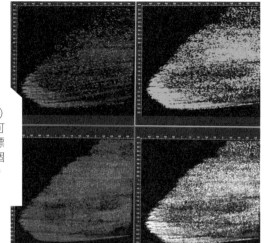

Skinbow

將紅、綠、藍（光的三原色）
螢光蛋白標誌疊合之後，可
以產生上百種不同顏色來標
誌不同的表皮細胞，讓同個
細胞在組織再生的過程中，
能被長時間追蹤觀察。

　　陳振輝團隊轉化這項技術，運用在觀察斑馬魚的「表皮細胞」再生運作情況，並另名為 Skinbow。經過多次嘗試，Skinbow 能用來標誌斑馬魚成魚的尾鰭、鱗片、眼球，甚至整隻仔魚的表皮細胞。

　　透過 Skinbow 多顏色細胞標誌，便可以觀察斑馬魚的表皮細胞，在面對不同的傷害情況下，如何集體反應、合作、再生以恢復原來的組織構造。例如，截斷斑馬魚的尾鰭後，細胞的移動方式是「沿著截斷面長出新細胞」，或是「舊組織的細胞往截斷面移動」？透過 Skinbow 可以清楚看見，舊組織的表皮細胞會先移動到截斷面要增生的部分，然後才在原本的舊組織長出新的表皮細胞。

❝❝ 以斑馬魚作為模式生物

　　為何團隊會以斑馬魚來研究？而不選擇蠑螈？

追蹤被標記為綠色的表皮細胞移動

透過 Skinbow 看到斑馬魚被截斷的尾鰭上,「舊」組織的表皮細胞(以綠點為例),會往截斷處移動、修補,而非立即從截斷處長出「新」細胞。

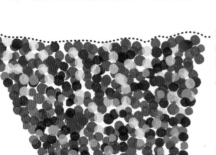

被截斷處

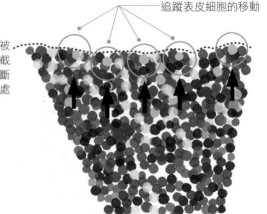

追蹤表皮細胞的移動

　　陳振輝表示,斑馬魚作為模式生物已經有 20 多年的歷史,過去科學家利用斑馬魚胚胎來研究脊椎動物的發育過程,累積了足夠的遺傳學基礎和研究方法。

　　另一個主因是斑馬魚在高倍顯微鏡下較易觀察。光是在顯微鏡下觀察尾鰭再生的研究過程就要持續 20 天,但蠑螈太大隻,要持續進行觀察較為困難,因此容易麻醉、方便長時間觀察是考量因素之一。生長週期也是另一關鍵,蠑螈的成長過程需要數年,而斑馬魚只要 3 個月。

　　我們將斑馬魚泡在誘發基因突變的藥水中,觀察哪隻斑馬魚在截斷尾鰭後變得「不會再生」,由此找出是哪個基因出問題,這可能就是觸發再生的關鍵。

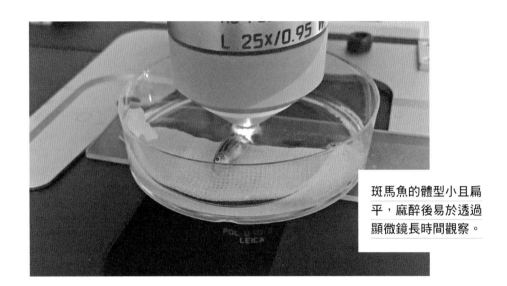

斑馬魚的體型小且扁平，麻醉後易於透過顯微鏡長時間觀察。

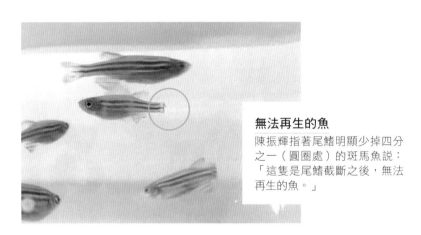

無法再生的魚
陳振輝指著尾鰭明顯少掉四分之一（圓圈處）的斑馬魚說：「這隻是尾鰭截斷之後，無法再生的魚。」

「目前實驗室已經在突變魚身上，找到一些影響再生反應的基因，這樣尋找的過程平均要花上一年半到兩年的時間。」陳振輝說，神情充滿著耐心。

" 斑馬魚的再生機制，可能應用到人類身上嗎？

　　陳振輝認為，再生機制的研究植基於這些「再生能力突出」的「模式生物」，如果沒有利用這些生物，將很難建立複雜組織再生的模型。而基礎研究的結果，可以進一步在老鼠模式驗證，例如利用斑馬魚的再生機制去調控實驗老鼠的再生能力。

　　但為什麼人類具有跟斑馬魚一樣的再生基因，卻無法再生？這關乎基因調控的狀況。

　　再生機制牽涉到兩個層面，第一是人類缺乏斑馬魚具有的特定再生基因；第二則是基因調控的狀況。例如，斑馬魚的基因 A 在受傷後會被活化，但人的基因 A 卻不會被活化，因此人類無法再生，這可能牽涉到基因的上游 DNA 序列的調控，影響負責再生的基因表現。

　　至於其他魚類是否也具有再生能力？陳振輝表示，許多硬骨魚類都有。生物的再生能力，對繁衍優勢沒有直接的影響，因此生物可以在漫長的演化過程中獲得或失去再生能力。例如並非所有的渦蟲及蠑螈都會再生，部分譜系的渦蟲及蠑螈在演化過程中，也失去了再生複雜組織的能力。

　　人類敬畏又渴望再生的能力，但在演化過程中，大自然選擇性地讓部分物種保留再生的特權。陳振輝播放著已看過無數次的蠑螈再生斷肢的影片，驚嘆地說：「再看幾次還是會覺得這些動物怎麼這麼神奇，讓人不斷地想了解為什麼牠們有這樣的能力？」

中研院細胞與個體生物學研究所的陳振輝助研究員，透過「斑馬魚」研究讓人好奇驚嘆的「再生」機制。

從動物身上問對問題，就可以找到答案！

——陳振輝專訪

❝❝ 渦蟲最多可以切幾段？

　　陳振輝曾在中研院的院區開放日，進行一場題為「如何跟金鋼狼一樣再生複雜組織？」的科普演講，有個國小小朋友問：「渦蟲最多可以切成幾段？」從回答這個問題開始，距離了解再生的機制就已更近一步。而若能掌握越多，便可望更理解如何增

強人類組織與器官的再生能力。

 擁有再生能力，就能長生不老嗎？

長生不老確實有可能，渦蟲在實驗室生存條件充足的情況下，會將自己的身體拉成兩段，各自再生成完整的個體。這種可以極端再生的生物，存活的時間似乎沒有限制。

一百年前，美國諾貝爾獎科學家摩根（Thomas Hunt Morgan）曾經將渦蟲切成 279 塊，發現這 279 塊的渦蟲組織仍然可以再生成個別完整的渦蟲。

但若以最小的單位，也就是「一顆細胞」能不能再生為「一隻渦蟲」呢？答案是也有機會。將渦蟲分解成單細胞（幹細胞），只憑這個幹細胞無法再生成一隻渦蟲。但若將這個幹細胞移植到被放射線照過的渦蟲身上，原本被放射線照過的渦蟲會在兩週左右死亡，但植入幹細胞的渦蟲卻可以重新恢復再生能力，宛如殭屍復活！

再生的最小單位似乎是幹細胞，但這是在有限制的條件下，且環境也相當重要。

 為什麼會想研究「再生」？分享一下你的研究進程。

十多年前當我在陽明大學生化所讀碩班時，研究的是中草藥抗氧化物的純化，當時對免疫學很感興趣，在中研院擔任助理及剛到美國時，也待在免疫學研究的實驗室。一直到就讀達特茅斯學院遺傳所博士班二年級時，我才轉換到「生理時鐘」的研究。

當時我以「麵包黴菌」來觀察光反應對生理時鐘的影響，

黴菌為了適應光線會產生「胡蘿蔔素」，但產生到一定的量便會停止。

　　研究黴菌感受光的調控機制，竟可以在分子層面上解釋其他生物對光的適應性，這系列的實驗非常有意思。因為黴菌跟老鼠、人類一樣擁有生理時鐘，也會受到光反應調控，然而，在老鼠與人類身上解釋基礎光反應對生理時鐘的影響十分複雜，用黴菌來研究較為容易。

　　在博士班畢業的前一年，大部分的博士生會轉換題目來增強學術能力，那時我反覆問自己：「什麼是用一輩子來研究都會覺得有趣的主題？」

　　偶然間，我看到幾篇「渦蟲再生」的研究論文，覺得主題很酷，便申請了幾個研究再生機制的實驗室，後來到了美國杜克大學醫學院的細胞生物學實驗室，與教授肯尼斯 · 波斯（Kenneth D. Poss）相談甚歡，加入了這個以斑馬魚模式研究再生的團隊。這個實驗室從我剛加入時大概 7、8 個人，現在已經是 20 個人的規模，顯示學界對於再生研究有濃厚興趣。

 從斑馬魚可以得知哪些「再生」訊息？

　　在肯尼斯 · 波斯教授的實驗室中，目前三分之二的人都以斑馬魚研究「心臟再生」。根據衛福部的統計，台灣的第二大死因是心臟病，而美國則位居第一名，因此美國非常重視心臟的再生研究，也投入大量的資源支持。另外，用斑馬魚研究「脊椎再生」也是熱門的項目。

　　我自己是研究斑馬魚的「尾鰭再生」，有些人會覺得尾鰭是魚類特有的器官，但尾鰭再生的研究，也許有機會應用於生物

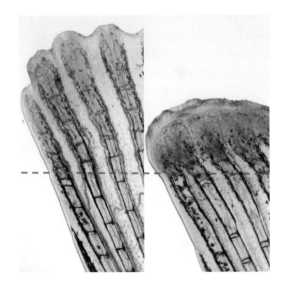

**基因突變的斑馬魚會
失去再生能力**

紅線是斑馬魚尾鰭被截
斷的部位，一般的斑馬
魚能再生尾鰭（左圖），
但基因突變的斑馬魚會
失去再生能力（右圖）。
陳振輝團隊藉由誘發基
因突變，找出是哪個基
因出問題？也許就是觸
發再生機制的關鍵。

（圖片來源：Chen et al.,〔2015〕.
Transient laminin beta 1a induction
defines the wound epidermis
during zebrafish fin regeneration.
PLOS Genet 11〔8〕, *e1005437.*）

的斷肢再生。

目前我們的實驗室，主要探索斑馬魚的「表皮細胞」如何
分工合作進行再生，下一步也想觀察斑馬魚尾鰭中其他細胞的
運作，比如若把尾鰭「神經細胞」的連結截斷，再生將無法進
行。也就是說，了解各種細胞扮演的角色，是了解再生反應重
要的方向。

從斑馬魚這種「模式動物」去提出問題，需植基於許多理
論基礎，要建立模型、問對問題，這個過程的確很難。

當時實驗室老闆肯尼斯是建立斑馬魚心臟再生模型的初始
者，他曾說過一開始要說服人們，以斑馬魚來做心臟再生的研
究，大家都很難理解。很幸運的是，現在我們已經可以站在這些
巨人的肩膀上進行研究。

Q 研究「再生」的過程，遇到哪些困難？

　　建立「研究工具」最花時間。

　　研究老鼠與果蠅的科學家非常多，可以共享某些研究工具。然而，利用斑馬魚成魚做研究，大部分的研究工具需要自己建立（例如斑馬魚表皮細胞的多顏色標誌工具 Skinbow），因此實驗時間拉得很長。

　　斑馬魚的生長週期是 3 個月，但建立新的基因轉殖魚作為研究工具，一般就要花上 6 個月到 9 個月的時間。

Skinbow 多顏色標誌工具
看起來很像印象派的筆觸？其實是陳振輝團隊研發的 Skinbow 多顏色標誌工具，用來研究斑馬魚修復傷口和再生複雜組織過程中，表皮細胞如何運作。(圖片來源：陳振輝實驗室網站)

Q 研究過程，曾有想放棄的時候嗎？

　　在我讀書的年代，生命科學是明日產業，生命科學系是非常熱門的明星科系，但現在大環境的就業情況並不理想，學生也紛紛退卻。我的想法是，要預測明日產業是困難的，你只能問自己的興趣在哪裡，只要真的有熱情，就有理由和動力堅持下去。

　　無論是我在博士班的黴菌生理時鐘研究，或現在進行的斑馬魚再生研究，都是從黴菌和斑馬魚這種模式生物來回答問題。利用各種模式生物的強項，問適合的問題，就可以找到答案。再生能力的研究是個新領域，就像一座待探索的西部大荒野，還有好多問題可以問。

　　這些發現除了以研究論文呈現，我也希望能與小朋友分享。因為小朋友非常有創造力，也許能問出我們想不到的問題。如果學校有興趣，實驗室可以提供斑馬魚與如何觀察尾鰭再生的方法，讓小朋友一起動手體驗再生的科學奧妙。

　　每天一早，我都很期待到實驗室，看看研究有什麼進展，想知道自己設計的實驗有什麼發現，很像「我一直在做自己喜歡做的事，還剛好有人給我薪水」。雖然研究工作並非一帆風順，實驗結果不如預期是科學常態，永遠都有不同的挑戰需要克服。但若是能重新選擇，我還是希望自己可以走上學術研究這條路。

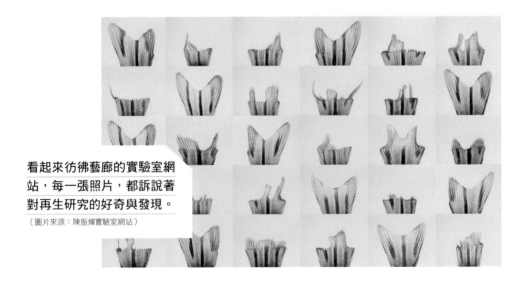

看起來彷彿藝廊的實驗室網站，每一張照片，都訴說著對再生研究的好奇與發現。

（圖片來源：陳振輝實驗室網站）

延伸閱讀

Chen, C. H., Merriman, A. F., Savage, J., Willer, J., Wahlig, T., Katsanis, N., Yin, V. P., & Poss, K. D. (2015). Transient laminin beta 1a Induction Defines the Wound Epidermis during Zebrafish Fin Regeneration. *PLOS Genetics, 11(8), e1005437.*

Chen, C. H., Puliafito, A., Cox, B., Primo, L., Fang, Y., Di Talia, S., & Poss, K. (2016). Multicolor Cell Barcoding Technology for Long-Term Surveillance of Epithelial Regeneration in Zebrafish. *Developmental Cell, 36(6), 668–680.*

Kang, J., Hu, J., Karra, R., Dickson, A. L., Tornini, V. A., Nachtrab, G., Gemberling, M., Goldman, J. A., Black, B. L., & Poss, K. D. (2016). Modulation of tissue repair by regeneration enhancer elements. *Nature, 532(7598), 201–206.*

Mokalled, M. H., Patra, C., Dickson, A. L., Endo, T., Stainier, D. Y. R., & Poss, K. D. (2016). Injury-induced ctgfa directs glial bridging and spinal cord regeneration in zebrafish. *Science, 354(6312), 630–634.*

研之有物

海洋生物的保命機制

代謝能力的演化研究

Lesson 3

為什麼要研究海洋生物？

● ● ● ● ● ● ● ● ● ● ●

　　隨著人類大規模排放廢氣與污染物，海洋環境趨
向高溫和高酸度，台灣周遭的海洋生態也因此逐漸變
化。中央研究院細胞與個體生物學研究所的曾庸哲助
研究員，透過對多種台灣臨海生物的生理學、生態學
研究，發現「代謝能力的演化」是生物適應極端化環
境的關鍵。

" 礁溪海邊神祕基地：臨海研究站

臨海研究站
宜蘭礁溪 191 縣道兩側遍布魚塭與田野，在零星農舍之間，矗立著幾棟潔白的三層建築，最寬闊的主建築牆上漆著「中央研究院動物研究所臨海研究站」。

　　成立迄今 18 年，和中研院隔著雪山山脈，距離海岸僅兩公里的臨海研究站是許多台灣生物學工作者，甚至中研院同仁也不知其名的低調單位。

　　臨海研究站具備室外的十多座戶外養殖池，在室內也有許多游泳池大小的養殖池，有些水深及腰，在走道上即可看見池內將近一米長的石斑整群游動。隔壁池則有可以調節體色的軟絲、花枝，隱匿在池水中。深達四米的巨型池尚未啟用，未來將作為海洋生態系的模擬實驗空間，研究者甚至需要潛水到巨型池裡做研究。

　　臨海研究站簡直是相關研究的天堂！我們的設備完全不輸國外研究站，我們需要的是能讓設備動起來的人才。

中研院臨海研究站的部分環境

頭足類動物
養殖池

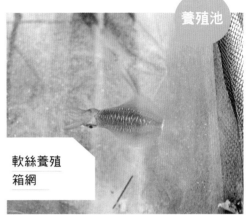

養殖池

軟絲養殖
箱網

巨型生態池

四公尺深

生理養殖
試驗區

　　曾庸哲是研究站最年輕的助研究員，但他對臨海研究站的
學術定位及發展藍圖卻有著宏大的想像。在他的心中，台灣是海
島國家，在海洋研究上有明確優勢，2016 年被派駐到臨海研究
站，他對自己設定的目標就是——讓這裡成為具有國際競爭力與
知名度的研究單位。

　　台灣應該發展有地方特色的基礎生物學研究。我們不應該
再繼續把別人、別的地方的標準，套在自己身上。

為何在臨海研究站進行研究？曾庸哲說：「我想了解生物活著的樣子，不只是死掉以後。」

曾庸哲對臨海研究站的期許並不只是本著新任研究員的熱血，他強調，宜蘭外海處在亞熱帶與熱帶區域交界處，也是重要的鰻魚洄游場，具有豐富的生物多樣性。當地沿岸有黑潮與湧升流交會，來自深海的湧升流帶給黑潮豐富的營養鹽，滋養大量浮游生物，成為其他海洋生物的重要營養來源，也形成了複雜的生態系統，值得深入探索。

他研究台灣周遭的海洋生物如何適應逐漸極端化的環境，並以動物行為學、演化生理學、解剖學、生態學等多面向的角度，建構宏觀的系統生物學，從中尋找可協助人們面對極端氣候的知識。

曾庸哲曾經以台灣近海的海水進行研究後投稿期刊，卻被編輯質疑：「為何使用已酸化的海水做實驗？」曾庸哲說：「在地的生物學研究不應該為了符合外地標準而改變實驗條件，中國的大量排廢早已影響鄰近的海洋酸度了。所以當時我便回覆『因為台灣周遭的海水實際上就是酸度較高』。後來那篇研究反而得

到很多引用次數。」

他強調，未來的海洋環境可能如此劇毒、嚴峻，我們有必要了解這些生物如何適應，才能掌握未來生態系的演變。

" 海底火山劇毒環境的居民：烏龜怪方蟹

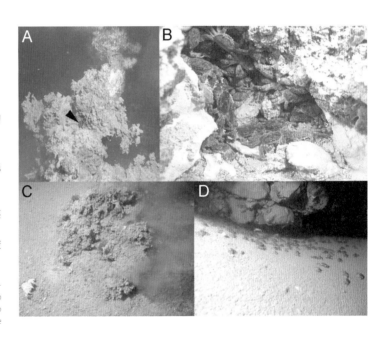

A
淺海熱泉湧出硫化物形成的「黑煙囪」。
B
高硫系統周邊是烏龜怪方蟹的棲息地。
C、D
烏龜怪方蟹會撿食「海洋雪」作為食物來源，活動時暴露在高度酸化的水體中。

（圖片來源：Strong Ion Regulatory Abilities Enable the Crab Xenograpsus testudinatus to Inhabit Highly Acidified Marine Vent Systems）

宜蘭外海的龜山島是一座年輕的活火山，周遭海底還藏有將近 60 處噴口，間歇地湧出超過攝氏 110 度的強酸性硫磺泉與火山濃煙。噴口熱泉含有高濃度硫元素，使噴口周邊的海水 pH 值遠低於其他海域，硫磺礦覆蓋著海床，幾乎沒有動植物可以適應如此高溫強酸的環境。

物理條件嚴酷、缺乏初級生產者的龜山島周邊海床，卻是曾

庸哲團隊研究的「烏龜怪方蟹」（Xenograpsus testudinatus）密集棲地。牠們從海平面下 3 公尺的淺海床，分布到 20 公尺下的較深海底，每一平方公尺平均超過 300 隻。烏龜怪方蟹體寬 2 至 3 公分，相較於人們印象中的螃蟹，牠們體態嬌小、動作溫馴緩慢，甲殼並不特別厚實、雙螯也短小，卻是該棲地的最優勢物種。

　　曾庸哲和團隊成員採集烏龜怪方蟹的過程，儘管有潛水裝備保護，依然備感艱辛。他笑著說：「湧泉的氣味非常臭，烈日曝晒下，我幾乎把胃裡的食物全部吐出來。回家休息時，棉被枕頭都是硫磺味。就算洗過澡也一樣。」

烏龜怪方蟹
個頭小小，卻能憑著「代謝能力」適應高溫、強酸與劇毒環境。

　　烏龜怪方蟹氣力很弱，一般人就算被牠們夾到手指也不會喊痛。牠們缺少捕食能力，靠著撿食「海洋雪」維生。海洋雪是在海流較弱時，被垂直上升的高濃度火山口噴出物殺死的淺海浮

烏龜怪方蟹體內的「氫幫浦」假設模型

（資料來源：Strong Ion Regulatory Abilities Enable the Crab Xenograpsus testudinatus to Inhabit Highly Acidified Marine Vent Systems）

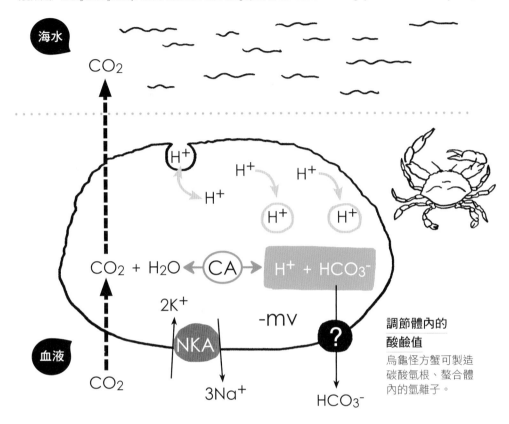

游生物。當這些死去的浮游生物如雪片般沉降到海床上，烏龜怪方蟹就會從礁岩隙縫中蜂擁而出，撿食海洋雪。

「海洋中有很多食腐動物，但只有怪方蟹能適應這裡的淺海熱泉噴口區域。我最好奇的是，牠們怎麼適應這麼高濃度的硫、如此酸的海水？」曾庸哲透過生理學實驗發現，烏龜怪方蟹可以製造碳酸氫根，螯合體內的氫離子，以調節體內的酸鹼值。牠們還有很強的排硫能力，甚至可以將「硫」轉換成類似硫磺酸的能量來源。

烏龜怪方蟹貌不驚人，但運用「碳酸氫根離子」調節「氫離子」的生理能力是一般魚類的 50 倍左右，而牠們的鰓代謝能力也比其他螃蟹更強、更豐富。曾庸哲也正在探索這些能力的來源。

66 海水酸化後，軟絲、花枝如何生存？

罕見的烏龜怪方蟹之外，台灣餐桌上常見的軟絲（萊氏擬烏賊，Sepioteuthis lessoniana）、花枝（虎斑烏賊，Sepia pharaonis）和吳郭魚（Oreochromis mossambicus）也是曾庸哲的研究物種。

曾庸哲說，軟絲活動量非常大、移動能力強，代謝率平均是一般魚類的兩倍，足以在海裡和魚類競爭食物。牠們可以透過體色變化和配偶溝通，並且在產卵後有清理、移動卵囊等育幼行為。曾庸哲強調，軟絲、花枝等頭足類非常聰明，堪稱「海中的靈長類」。牠們對棲地很敏銳，不會前往劣化的環境繁殖，可以視為一種環境指標。軟絲喜歡棲息於淺海礁岩區，特別是珊瑚礁地形，牠們會將條狀的白色卵鞘產在珊瑚分枝或海草之間。但近年來，台灣周遭海域前來產卵的軟絲族群明顯地減少，正是環境污染破壞珊瑚礁生態，進而影響軟絲行為的結果。

臨海研究站獨有的巨大室內養殖空間，讓曾庸哲得以養育數對軟絲，觀察牠們的適應能力。他說：「頭足類需要非常乾淨的海水，研究站裡的海水從兩公里外以高壓幫浦運送，再經過濾和臭氧殺菌並控溫，可以讓軟絲的卵免於氧化壓力。」

透過酸化適應力實驗，曾庸哲發現軟絲可以有效利用「銨離子」調節體內的酸鹼值，而相對於章魚等其他頭足類生物，軟

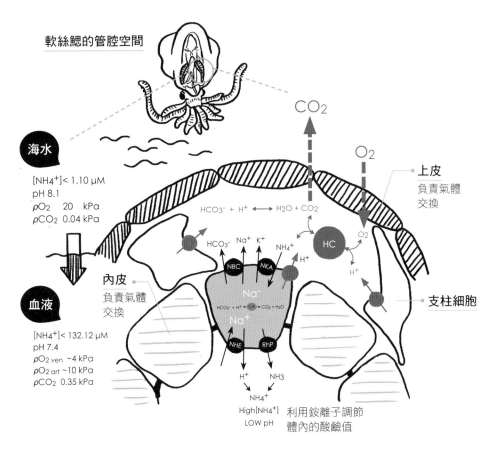

軟絲鰓的管腔空間

海水

[NH4+]< 1.10 μM
pH 8.1
ρO2   20   kPa
ρCO2 0.04 kPa

血液

[NH4+]< 132.12 μM
pH 7.4
ρO2 ven ~4 kPa
ρO2 art ~10 kPa
ρCO2 0.35 kPa

CO2

O2

上皮
負責氣體
交換

$HCO_3^- + H^+ \longleftrightarrow H_2O + CO_2$

HC

O2

H+

HCO3- Na+ K+   NH4+

NBC   NKA

H+

Na-

內皮
負責氣體
交換

$HCO_3^- + H^+ \leftarrow CA \rightarrow CO_2 + H_2O$

Na+

支柱細胞

NHE   RhP

H+   NH3

NH4+

High[NH4+]   利用銨離子調節
LOW pH   體內的酸鹼值

**在 pH 8.1 的海水中，軟絲在鰓管腔進行銨離子調控，
讓體內血液維持在 pH 7.4。**

（資料來源：Branchial NH4+-dependent acid–base transport mechanisms and energy metabolism of squid
（Sepioteuthis lessoniana）affected by seawater acidification）

絲也有更強的酸化適應力。

　　儘管如此，酸化的環境，仍然會使軟絲的卵難以順利孵化。
曾庸哲提醒：即使我們刻意將竹叢丟進東北角沿海，吸引軟絲來
產卵，但若海洋酸性一直提升，恐怕仍難以讓前來產卵的軟絲數
量回升。

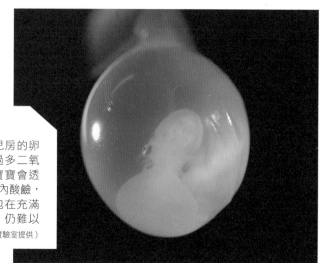

花枝寶寶

花枝寶寶住在像嬰兒房的卵囊裡。當海水溶解過多二氧化碳而酸化，花枝寶寶會透過銨離子調控平衡體內酸鹼，但若最後整個卵被包在充滿阿摩尼亞的液體中，仍難以孵化。（圖片來源：曾庸哲實驗室提供）

" 一代不如一代？吳郭魚的生存策略

在軟絲的養殖槽隔壁，就是吳郭魚的養殖區。曾庸哲投入吳郭魚的研究起點，來自養殖業者的實際困境——寒害。他說：「漁政單位經常在寒害前呼籲養殖業防寒，但是目前沒有真正兼具優越效果、低廉成本的實際辦法。於是我想到了最傳統的方式，也就是育種。」

經過長期實驗，你才會透過跨世代研究了解生物告訴你的故事。沒有想當然耳的演化。

曾庸哲在中研院觀察到四分溪裡的魚會逆流，得到的啟發不是「人要奮發向上」，而是透過測試逆流能力來培育耐低溫的吳

郭魚品系。4 年來,他持續在不同溫度進行實驗,發現野生種的吳郭魚在攝氏 22 度的逆流能力,只有 27 度時的一半左右。而能適應低溫的吳郭魚品系,到第三代時血液中的「游離氨基酸」等生理數值開始出現變化,到了第四代,他有了意外的發現。

「耐低溫品系的第四代,不論是在常溫或是低溫下,逆流能力的表現都比野生種更弱。我們原本的假設是會越來越強,結果居然相反。」

這種變化的原因還不確定,但是目前曾庸哲如此假設:耐低溫品系的親代可能會傳遞化學訊息給子代,讓子代發育成「比較擅長保留能量」以適應低溫逆境的性狀。因為逆流能力強、能量消耗較高的個體,較難在低溫下生存。

❝ 跨世代研究,找出生理演化的原因

透過跨世代的遺傳性狀觀測,人們才能發現酸化、暖化的海洋對生物的實際影響,這些影響經常出乎意料。例如酸化的海水會使某些魚類的子代排酸能力大幅增強,但是再下一代的個體處在酸化環境會變得非常緊張,難以正常行動。

曾庸哲強調:「某些生物對逆境是耐受型,另外一些是敏感型,但這不代表下一代就會更為耐受或更敏感。」因此,研究團隊正以跨世代實驗,研究酸化是否會影響海洋生物的行為、棲地的範圍,以及其卵子、精子的環境耐受性與游動能力。

知道去哪裡找到答案,知道知識在哪裡,比死背知識重要。

研究橫跨多領域的曾庸哲說,自己是個大器晚成型的學生,

在大學時花費更多時間在課外娛樂，直到博士班階段才開始大量閱讀，累積知識形成未來研究主題。在他眼中學生最重要的特質不是知識的多寡，而是求知慾的高低。他面帶微笑地鼓勵：「不懂不代表笨，問就好了。」

❝❝ 延伸閱讀

Hu, M. Y., Guh, Y. J., Stumpp, M., Lee, J. R., Chen, R. D., Sung, P. H., Chen, Y. C., Hwang, P. P., & Tseng, Y. C. (2014). Branchial NH4+-dependent acid–base transport mechanisms and energy metabolism of squid (Sepioteuthis lessoniana) affected by seawater acidification. *Frontiers in Zoology, 11(1)*.

Hu, M. Y., Guh, Y. J., Shao, Y. T., Kuan, P. L., Chen, G. L., Lee, J. R., Jeng, M. S., & Tseng, Y. C. (2016). Strong Ion Regulatory Abilities Enable the Crab Xenograpsus testudinatus to Inhabit Highly Acidified Marine Vent Systems. *Frontiers in Physiology, 7*.

Hu, M. Y., Sung, P. H., Guh, Y. J., Lee, J. R., Hwang, P. P., Weihrauch, D., & Tseng, Y. C. (2017). Perfused Gills Reveal Fundamental Principles of pH Regulation and Ammonia Homeostasis in the Cephalopod Octopus vulgaris. *Frontiers in Physiology, 8*.

人蟻大戰
出奇招

破解紅火蟻超級基因，
研發更有效的防治餌藥

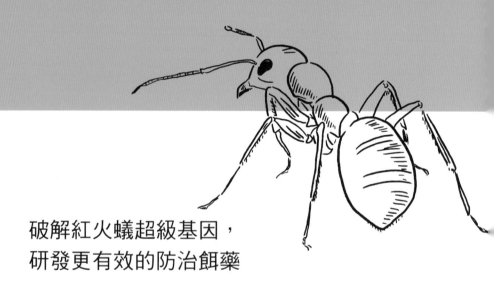

Lesson 4

入侵紅火蟻的超級基因

· · · · · · · · · · · · ·

　　入侵紅火蟻（以下簡稱紅火蟻）個性凶殘，防治
困難，讓遭受入侵的各國困擾不已，包括台灣。中央
研究院生物多樣性研究中心的王忠信副研究員，多年
來持續研究紅火蟻，發現紅火蟻的社群行為，是由
600 多個基因鎖在一起的「超級基因」所調控。近年
來，他積極在超級基因中，尋找能決定蟻后氣味及影
響工蟻辨識氣味的關鍵基因，希望開發出更有效的防
治餌藥，誘騙工蟻暗殺自己的蟻后。

入侵紅火蟻

簡稱紅火蟻，原產在溫暖、潮溼的南美洲，1920 年代傳入美國，擴散到全美各地，再透過進出口貨物、盆栽泥土傳播，從美國擴散到澳洲、中國、日本、韓國、台灣等地。（圖片來源：王忠信、李志琦提供）

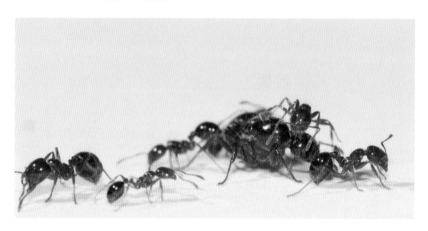

" " 紅火蟻天生脾氣暴躁

入侵紅火蟻有多恐怖？

紅火蟻的食性雜，什麼都吃，包括死掉的動物、昆蟲、地面鳥巢中不會飛的幼鳥，甚至連蜥蜴、烏龜等靠近巢穴，紅火蟻也會發動攻擊，把動物咬得奄奄一息。只要有紅火蟻侵入的地區，其他生物幾乎無法存活，造成生態浩劫。

雖然許多螞蟻都自備毒液，但大多數個性溫和、攻擊性低，一旦被人踩到便立刻四處逃竄。但紅火蟻不僅具有毒性，而且侵略性非常強，誰敢侵門踏戶，紅火蟻大軍便立刻傾巢而出，發動恐怖攻擊。

牠們的恐攻就連人類也難擋。紅火蟻會吃農作物的果實、根莖，捕食泥土中的蚯蚓，造成嚴重農業損失。當人類氣得想一

腳踩死，紅火蟻便立刻順著人腿往上爬，用大顎咬住皮膚，再以腹部螫針注入毒液蛋白。人被咬到會很快產生像火燒般灼熱的疼痛感（所以才稱之為紅「火」蟻），少數嚴重過敏者會休克，甚至死亡。

現有餌劑效果不佳

2003 年，台灣首度發表境內存在入侵紅火蟻，危害範圍主要在桃園，隨著每年的婚飛、繁殖，領域漸漸往外擴展，新北市、松山機場等地也相繼傳出災情。

目前台灣的防治策略採熱點控制（hotspot control），有人發現巢穴並通報，負責人員便會前往施打餌劑。不過，餌劑只能防除 85 ～ 95% 的入侵紅火蟻的族群，原因可能是：餌劑是將藥和去油脂玉米顆粒及大豆油混合，但台灣環境潮溼，一旦原料受潮、不新鮮，就會降低對螞蟻的吸引力。另外，觸殺型藥劑可能傷害其他昆蟲，只建議小範圍使用，因此效果有限。

另外，還有灌入低溫液態氮凍死紅火蟻，或灌入熱水燙死牠們這兩種方法，但都比較麻煩又有危險。

有鑑於此，中研院王忠信副研究員提出新解方：從紅火蟻的社群行為和基因組下手。

誘騙工蟻殲滅蟻后

大部分螞蟻種類的巢穴為單蟻后（巢中只有一隻蟻后）或多蟻后（巢中有多隻蟻后），僅 5 ～ 10% 的螞蟻種類同時具有單蟻后和多蟻后巢穴，紅火蟻就是其中之一。

當單蟻后巢的工蟻發現外來的單蟻后或多蟻后，會全數格殺勿論。而多蟻后巢的工蟻似乎比較「包容」，牠們僅殺死單蟻后巢的蟻后，但接納其他多蟻后巢的蟻后。

工蟻怎麼認出自己的「母后」？答案是：氣味。

美國科學家曾做過實驗，把多蟻后巢的工蟻，分別與多蟻后巢的蟻后、單蟻后巢的蟻后摩擦，再放回工蟻原本的多蟻后巢

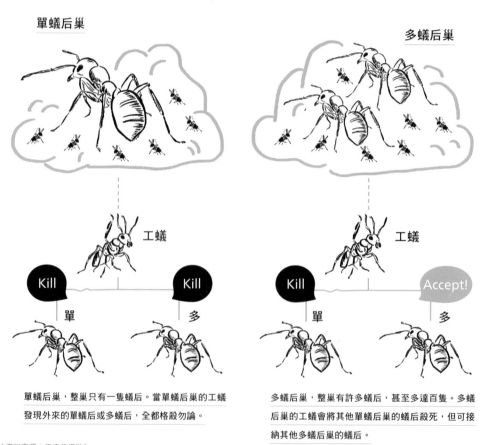

單蟻后巢　　　　　　　　　　　　　**多蟻后巢**

工蟻　　　　　　　　　　　　　　　工蟻

Kill　　Kill　　　　　　　　Kill　　Accept!

單　　　多　　　　　　　　單　　　多

單蟻后巢，整巢只有一隻蟻后。當單蟻后巢的工蟻發現外來的單蟻后或多蟻后，全都格殺勿論。

多蟻后巢，整巢有許多蟻后，甚至多達百隻。多蟻后巢的工蟻會將其他單蟻后巢的蟻后殺死，但可接納其他多蟻后巢的蟻后。

（資料來源：王忠信提供）

穴。結果發現，與多蟻后巢的蟻后摩擦的工蟻，可被同伴接受，但與單蟻后巢蟻后摩擦的，則遭到同伴攻擊，證實蟻后氣味的轉移會引發工蟻辨識行為的混亂。

王忠信靈機一動：擒賊先擒王！想要有效防治紅火蟻，可以誘騙工蟻殺死自己的蟻后，即能輕鬆瓦解整個蟻群。方法是：找出紅火蟻身上控制氣味和嗅覺的關鍵基因，以此設計餌劑，改變蟻后的氣味或誤導工蟻的嗅覺。

但如何找出此關鍵基因？這就要說起王忠信在 2013 年的重大發現：紅火蟻的超級基因（supergene）與社群染色體（social chromosome）。

" " 紅火蟻的超級基因

科學家很早就知道，紅火蟻的單、多蟻后巢受到一組 B、b 基因所控制。不過，單蟻后或多蟻后巢，不光是蟻后的數量和氣味不同，還有許多特徵和行為差異。

比方說：單蟻后的處女蟻后腹部脂肪較肥厚，當其另立門戶，會用大量的脂肪餵養首批工蟻，而工蟻的侵略性也比較強；相反地，多蟻后族群的蟻后只囤積少量脂肪，不會自立門戶，而是選擇加入其他多蟻后族群。科學家認為，一組 B、b 基因不可能控制這麼多差異。

直到 2013 年，王忠信發現控制紅火蟻社群行為的關鍵，是一組包括 600 多個基因的「超級基因」。

超級基因有多「超級」？一般減數分裂時，染色體的基因有機會互相交換，形成新的基因組合，所以「龍生九子，子子不同」。超級基因則是被「鎖在一起」的一群基因，減數分裂時，

裡頭的基因不能拆開、互換。即使真的發生互換，前、後的基因會重複或缺少，誕生的子代通常無法存活。換句話說，超級基因必須「整組」傳給後代，如同被綁在一起的「套裝式」基因。

❝ 社群染色體決定社會行為

紅火蟻超級基因所在的染色體，即是「社群染色體」。紅火蟻的社群染色體有兩種：SB、Sb，超級基因位於 Sb。

因為 Sb 上有超級基因，讓 SB 和 Sb 在整體結構上很不一樣，很像人類的性染色體 X 和 Y 的情況。兩種染色體的不同組合，造成個體極大差異，就像 X 跟 X 組合是女性，X 和 Y 組合則變成男性。

單蟻后族群的個體，只有 SB 這種染色體（就像人類女性只有 X），多蟻后族群則有兩種染色體：SB 和 Sb（就像人類男性有 X 和 Y）。這兩種社群染色體的組合，決定了多蟻后巢和單蟻后巢截然不同的社會型態。

這項發現證實了動物

紅火蟻的社群染色體 SB 和 Sb

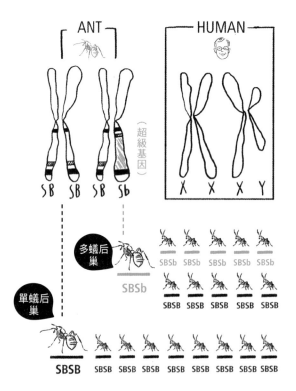

（資料來源：王忠信提供）

的社會行為與遺傳有關，也是首次發現動物社群染色體決定牠們的行為差異，對社會和演化生物學貢獻極大，王忠信的論文於 2013 年 1 月獲登國際權威期刊《自然》（*Nature*）。

抓住氣味分子的蛋白質 OBP12

找到了調控社群行為的超級基因，王忠信接下來想知道，在這 600 多個基因中，哪些基因負責調控蟻后的氣味和工蟻的嗅覺？是否能用在防治工作？目前的研究已經有一些眉目。

先從工蟻的嗅覺說起。多蟻后巢的工蟻有 SBSB 和 SBSb 兩種，單蟻后巢只有 SBSB 工蟻，王忠信將兩種工蟻的觸角切下來，測試基因表現。結果發現，有一種可以抓住氣味分子的蛋白質 OBP12，在 SBSb 工蟻的 RNA 表現量很高，在 SBSB 工蟻身上則沒有調控這個氣味分子的基因在超級基因上。那麼，這種氣味分子會不會就是工蟻辨認蟻后的關鍵呢？

會「抓」氣味的蛋白質 OBP12

紅火蟻的觸角外面有一層殼，中間的神經表面有受器，可接收外界的氣味分子，形成嗅覺。但是外殼和神經之間是液體，就像一條河，氣味分子不溶於水，不能自己「渡河」，必須由氣味結合蛋白（例如 OBP12），抓住、保護，才能順利「游過」液體、抵達神經的受器。（資料來源：王忠信提供）

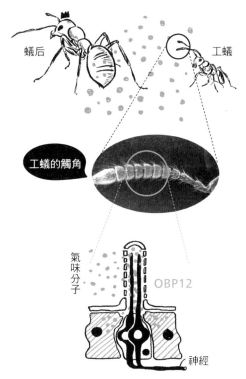

蟻后　　　工蟻

工蟻的觸角

氣味分子　　OBP12

神經

「下階段的實驗，就是除去這種蛋白質 OBP12 的基因，觀察是否會影響工蟻辨認蟻后。」王忠信説。

氣味誘騙工蟻攻防戰

王忠信也將蟻后泡入有機溶劑，溶出身上的油脂進行分析。他發現一種編號為 23 的油脂，在 SBSb 多蟻后身上量很高，在 SBSB 單蟻后很低。這種油脂會不會是工蟻判斷多蟻后和單蟻后的關鍵？

因為雄蟻的基因是單套的 SB 或 Sb，他再分析不同的雄蟻，發現雄蟻身上有決定脂肪酸構造的多種蛋白質基因（可產生油脂），但是 Sb 雄蟻有這些特殊基因的數量比 SB 雄蟻還多，也許這就是具有 Sb 的多蟻后身上為什麼會有大量編號 23 油脂的原因。

下一步要證實：編號 23 的油脂是多蟻后工蟻辨認蟻后的關鍵！

他在多蟻后巢中放兩張紙片，一張是泡過多蟻后油脂的紙片，另一張是泡過單蟻后油脂的紙片。正常情況下，多蟻后的工蟻會把泡過多蟻后油脂的紙片帶回家（因為編號 23 油脂量很大），將泡過單蟻后油脂的紙片丟到巢外牠們的專屬「垃圾桶」（無編號 23 油脂）。

王忠信的想法是：如果將泡過單蟻后油脂的紙片添加編號 23 油脂，工蟻也帶回巢，那麼這個物質很可能就是工蟻辨識蟻后的關鍵。一旦獲得證實，只要想辦法除去多蟻后身上的這種油脂，讓工蟻聞不到，工蟻就可能殺死自己蟻后。反過來説，如果讓單蟻后身上帶有這種油脂，使工蟻誤以為牠是多蟻后，也可能

讓單蟻后巢的工蟻發動攻擊。

　　目前這些研究仍在進行，若未來進一步突破，就可能開發成防治藥劑。例如：找出兩、三個關鍵基因，製作能與工蟻辨識蟻后氣味的受器結合的藥劑，讓工蟻聞不到味道或聞錯；或是設計一種可改變蟻后氣味的藥劑，讓同巢工蟻認不出自己的蟻后。

　　對此，王忠信微笑著說：

　　但願能研發有效的藥劑消滅紅火蟻，解決惱人的防治問題，這是我的夢想！

「我在中研院養螞蟻」

——王忠信與他的紅火蟻大軍

"" 中研院的螞蟻房

在中研院，有一間神祕的實驗室，飼養的生物數量達到百萬級！這是生物多樣性研究中心王忠信副研究員的「螞蟻房」，飼養、觀察入侵紅火蟻，以研究紅火蟻的超級基因，尋找防治解方。但這麼龐大的螞蟻軍團，是從哪裡找來？牠們住在哪裡？平常吃什麼、伙食費會不會爆表？聽說在實驗室的處女蟻后還會因

為「環境」不對，而拒絕雄蟻求愛？一起來瞧瞧。

這裡數以萬計的紅火蟻，都是從哪裡找來的呢？

這些紅火蟻是從野外採集來的。只要有人通報，我們就會組隊過去採集，每次大約 5、6 個人一組。

紅火蟻主要出現在農地、還未施工的建築工地、公園、高爾夫球場等地，因為樹木、落葉被清除乾淨，開闊的地面是紅火蟻喜歡的築巢點。凸起的蟻丘高度可達一公尺，並可往下延伸十幾公尺，天冷乾旱時紅火蟻會往暖溼的地底移動，成熟的巢穴可能多達 20 至 50 萬隻紅火蟻！

中研院的神祕螞蟻房

2010 年，演化遺傳學家王忠信從國外回到台灣中研院，研究入侵紅火蟻的超級基因。為了近距離觀察紅火蟻，他向中研院申請設立這間院區內最特別的螞蟻房。

紅火蟻的野外巢穴

（資料來源：王忠信提供）

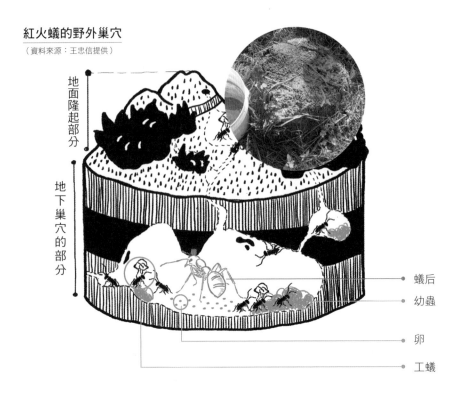

地面隆起部分

地下巢穴的部分

- 蟻后
- 幼蟲
- 卵
- 工蟻

　　不過，我們也不是哪裡都去，多半到固定幾個地區，像是桃園和新莊一帶。而且一收到通報就要動身「搶收」紅火蟻，不然巢穴很快會被施藥，那就抓不到了。

 可是紅火蟻天生脾氣暴躁，該怎麼採集呢？
要穿防護裝備嗎？

　　當然要！紅火蟻喜歡順著垂直的物體攀爬，例如人腿。所以採集前，必須穿著長筒雨靴等防護設備，鞋面撒上滑滑的痱子粉，讓紅火蟻爬不上來。

我們找到紅火蟻巢穴後，立刻用鏟子挖到水桶裡，動作必須迅雷不及掩耳，以免受到驚嚇的蟻后有機會逃跑。下一個問題是：怎麼把巢內的紅火蟻逼出來？這就要說到紅火蟻的神奇本領：蟻筏。

　　在紅火蟻的故鄉——南美洲雨林，每年都有雨季，洪水氾濫時大水往往淹沒紅火蟻巢穴。為了活命，紅火蟻會用大顎咬住彼此的腳，組成一顆球狀或筏狀，把蟻后和卵、幼蟲放在「球」中間保護，稱為「蟻筏」。一般螞蟻遇水會淹死，但紅火蟻體表防水，可以藉著蟻筏在水面漂流，等待時機重新登陸。所以在美國，每當颶風一來淹水時，人們還得注意水面是否漂著蟻筏，免得慘遭「蟻吻」。

　　這個有趣的特性，提供科學家誘出巢中紅火蟻的靈感。方法是：拿寶特瓶裝水，對著裝了蟻巢的水桶緩緩滴水，模擬下雨、淹水，紅火蟻就會傾巢而出，自動在水面聚成一團蟻筏，如此就能輕鬆抓出整巢的紅火蟻。

紅火蟻的蟻筏

把紅火蟻丟入水中，牠們會用大顎咬住彼此的腳，組成一顆球狀或筏狀，把蟻后和卵、幼蟲放在「球」中間保護，稱為「蟻筏」，藉此在水面漂流，找機會登陸。

蟻筏

採集巢內紅火蟻的
獨門絕招

1 挖出蟻巢後，
立刻放入水桶中。

2 在水桶中澆水，
模擬下雨、淹水。

3 紅火蟻傾巢而出，
組成一圈蟻筏，浮在
水面上，就能輕鬆抓出
整巢紅火蟻。

蟻筏

Q 抓回紅火蟻後，牠們住哪裡？
吃什麼？紅火蟻不會逃跑嗎？

我們準備了大型塑膠盒，放入紅火蟻的人工巢穴，盒子內壁塗上 Fluon®（氟龍），這種物質非常滑，會讓紅火蟻爬不出來。人工巢穴是石膏做的，紅火蟻喜歡潮溼的環境，石膏可吸水、維持溼度，有時會再放幾塊溼海綿，讓牠們住得更舒適。

餐點方面，我們會餵蟑螂、蟋蟀或麵包蟲，有時也有水煮蛋。你們一進來聞到的「奇妙」味道，就是這些「食材」發出來的⋯⋯。我們通常每週一、三、五各餵食一次，每巢給約一湯匙分量的食物，並用小玻璃管裝水，管口塞棉花，讓紅火蟻可以喝水。

不過紅火蟻的食量很大，有時蟻后生太多、一個盒子可多達十萬隻，就必須清掉一些，免得伙食開銷太大，實驗室被吃垮。

Q 螞蟻房裡除了養單蟻后巢，也有多蟻后巢嗎？
怎麼分辨兩者的不同呢？

兩種都有，分辨關鍵是：在單蟻后巢，工蟻會給唯一的蟻后多一點空間，所以蟻后的周圍會淨空一圈，很容易觀察到蟻后在哪裡。但在多蟻后巢，可能蟻后比較多，工蟻不會留給每隻蟻后空間，蟻后跟大家擠在一起生活，必須仔細觀察才能找到。

另外，科學家也發現，單、多蟻后的消長跟居住空間變化有關。

在雨林，雨季大水消退後，河流兩旁土地淨空，這時紅火蟻的單蟻后會搶先飛來，占據領域築巢並繁衍後代，單蟻后族群

比較興盛。當紅火蟻越來越多、空間變擠，反而換成多蟻后族群比較興盛。推測原因，可能是多蟻后巢能容納多隻蟻后、節省生存空間，所以在棲地不夠時，族群比較容易繁衍。

不過，等到下一次雨季，大水再次氾濫、消退，又會換成單蟻后族群強勢登場……兩者的族群消長呈現週期性循環，非常有趣。

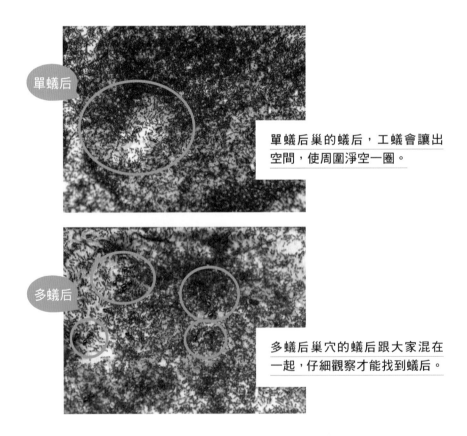

單蟻后

單蟻后巢的蟻后，工蟻會讓出空間，使周圍淨空一圈。

多蟻后

多蟻后巢穴的蟻后跟大家混在一起，仔細觀察才能找到蟻后。

Q 在實驗室的處女蟻后和雄蟻會不會交配，
誕生新的族群？

　　紅火蟻要成功交配，必須經歷一個「婚飛」的過程。在春、夏繁殖期，有翅的雄蟻與處女蟻后會飛到巢外交配，之後蟻后再找適合地點建立新巢。

　　螞蟻房也有雄蟻和處女蟻后，牠們有時會飛到盒子外。我們試過將雄蟻跟處女蟻后黏在小棍子、夾在鑷子上，進行人工配對。結果發現：雄蟻想和處女蟻后交配，但處女蟻后會拒絕雄蟻，所以至今還沒有配對成功……推測原因可能是溫度、溼度等條件不對。總之，目前還沒辦法在實驗室繁衍新的族群。

 Q 除了入侵紅火蟻，螞蟻房還有養其他螞蟻嗎？

　　有的，大家出野外若發現其他種類的螞蟻，也會帶回來當「寵物」養，像我們也飼養熱帶火蟻。

　　熱帶火蟻和入侵紅火蟻是近親，推測在西班牙航海貿易時期被帶入，喜歡炎熱環境，主要分布在南部，目前與入侵紅火蟻各自稱霸南、北台灣。

大頭兵蟻

熱帶火蟻有大頭兵蟻，入侵紅火蟻沒有兵蟻，只有工蟻，可用來區別兩種火蟻。

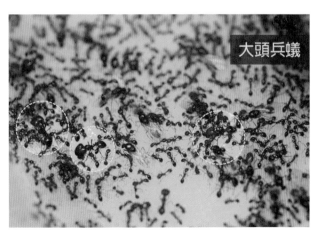

　　熱帶火蟻和入侵紅火蟻的外型非常相似，但有一種頭部特別大、大顎發達的兵蟻，主要擔任守衛工作；牠們喜歡吃種子，肌肉發達的大顎適合咬破種子。

　　入侵紅火蟻則有各種體型大小的工蟻，有的大些、有的小些，什麼工作都要做，並沒有擔任守衛的兵蟻。因此，觀察巢裡有沒有大頭兵蟻，就知道是哪種火蟻。

　　說到熱帶火蟻，還有一點跟防治工作有關。目前入侵紅火蟻只在北部，但牠們比熱帶火蟻更強悍，如果沒有控制住，將來紅火蟻的地盤可能會朝南部擴張。

❝ 後記：走出螞蟻房……

　　門口有張告示：「若您發現螞蟻在外煩請聯絡 XXX……」看來研究團隊養螞蟻也是操碎了心，不但要置辦住屋、定期餵食、操心婚飛，還要擔心牠們離家出走。

王忠信副研究員
與他的千軍萬「螞」

❝ ❞ 延伸閱讀

〈認識紅火蟻〉。國家紅火蟻防治中心。

Wang, J., Wurm, Y., Nipitwattanaphon, M., Riba-Grognuz, O., Huang, Y. C., Shoemaker, D., & Keller, L. (2013). A Y-like social chromosome causes alternative colony organization in fire ants. *Nature, 493(7434), 664–668.*

藏在構樹 DNA 裡的 族群遷徙史

從生物地理學佐證
南島語族「出台灣說」

Lesson 5

植物分類學 × 人類學

　　在台灣城市和郊野都能看到的構樹，不僅對大洋洲南島語族文化具有重要意義，透過分子親緣分析與植物分類學研究，也成為人類學、歷史學拓展知識的關鍵角色。中央研究院生物多樣性研究中心的鍾國芳副研究員與團隊，透過研究構樹傳播演化，從生物地理學的角度，佐證了大洋洲南島語族起源於台灣的「出台灣說」（Out of Taiwan Hypothesis）。

> " 南島語族重要的物質文化

位於智利的研究合作夥伴，曾對鍾國芳說起一段事蹟：

**曾有某個島嶼部落，因為樹皮布製作而延後了酋長交接。
由於樹皮布產量不足以供應即位大典所需，新酋長只好等
到樹皮布足夠才進行儀式。**

台灣俗稱「鹿仔樹」的構樹，是不起眼但適應力強的桑科
植物，都市牆角、水泥地縫隙、鄉間荒地經常可見，廣泛分布在
東亞和中南半島。

西方紡織品被帶入太平洋之前，南太平洋的南島語族，長
期維持種植構樹、拍打樹皮製成「樹皮布」的習俗。今日樹皮布
的實用價值雖已被紡織布取代，但對遠大洋洲島嶼的居民而言，

在巴布亞新幾內亞，除了
特別的慶典儀式，並不
會穿戴樹皮布，現今製
作樹皮布多為觀光之用，
重現過去的生活情境。

（圖片來源：鍾國芳提供）

仍具有南島文化的象徵意義，是南島語族重大慶典極具代表性的物質文化。

　　南島語族（Austronesian-speaking peoples）因其分布在南太平洋群島、使用相似語言而得名，總人口數約近 4 億，多數居住於菲律賓、印尼、馬來西亞等東南亞區域，新幾內亞以東的大洋洲島嶼則有超過百萬人，印度洋西至馬達加斯加也可見南島語族的蹤影。台灣是南島語族分布最北界，新北市烏來的泰雅族聚落是全世界最北端的南島語族聚落。

　　著名學者白樂思（Robert Andrew Blust）依照歷史語言學的分析，將南島語系（Austronesian language family）分為 10 大支，而台灣本島包含其中 9 支。蘭嶼的達悟語便屬於下轄語言高達 1,237 種的馬來—波里尼西亞語族分支（Malayo-Polynesian languages），與南太平洋的各地族語，如菲律賓塔加洛語（Wikang Tagalog）、東加語、毛利語有親緣關係。

　　台灣及蘭嶼總共 50 多萬、未達總人口數 3% 的各原住民族，在語言學上的歧異性比廣大南太平洋各地更高。透過這樣的語言學資料，佐以考古學資料，南島語族來自台灣的「出台灣説」在人類學領域逐漸成形。

❝❝ 以植物作為「出台灣說」驗證線索

　　南島語族「出台灣説」在台灣廣為人知，也受到多數語言學者支持，但仍是個有待各學門驗證的假説，包括考古學上缺少精準的時間判定方法與材料，在人類遺傳學也遭遇挑戰。英國哈德斯菲爾德大學（University of Huddersfield）的馬丁・理查茲（Martin B. Richards）研究團隊則於 2016 年提出人類基因體分

析結果，發現太平洋島民的粒線體 DNA 出現在當地，遠早於南島民族自台灣出發的年代。他認為南島語系的傳布主要來自文化因素，而非單純的民族遷徙。

「出台灣說」與台灣歷史關係重大，不少學者從考古人類學、人類遺傳學及語言學視角探討。原本全無關聯的植物分類學家鍾國芳，因為他的臺大學長、樹皮衣研究者張至善的提議，因而帶著纖維堅韌細長的構樹，加入「出台灣說」知識與論證的交織行列。

事情要回到 2008 年。當時，台東國立臺灣史前文化博物館收到日本收藏家岩佐嘉親（Iwasa Yoshichika, 1922–2014）捐贈超過兩萬件的南島語族文物。岩佐長年研究大洋洲南島語族文化，晚年將大量收藏品及研究紀錄捐給台灣研究單位，一方面希望文物被更多人看到，同時也實踐理念：讓文物收藏在南島語族的國度。

史前文化博物館助理研究員張至善，在日本參訪時結識岩佐，得知「他的藏品多到有點苦惱，租了好幾間房子存放。但因為膝下無子，擔憂藏品未來無法得到妥善照顧」，因此大力促成岩佐贈與台灣的心意。

張至善研讀岩佐的文物資料，整理了多樣化且地理分布廣泛的樹皮布製品。他發現，雖然生物地理學領域已有「共生物種」（Commensal species）研究，透過緬甸小鼠、豬、麵包樹等「農業包裹」內容物的基因體，分析南島語族遷徙歷史，但是具有重要文化象徵意義的「構樹」卻在此缺席。張至善認為，從樹皮衣的民族植物學著手，能夠深入描繪南島語族橫越太平洋的歷史。

鍾國芳收到張至善的提議時，甫上任臺大森林系助理教授，正在發想新的研究方向。

我開始研究構樹的相關文獻，隱約看見最有趣的可能性：太平洋構樹的遺傳多樣性，與南島語族樹皮布文化和遷徙歷史緊密相關。

鍾國芳用微微加速的語氣回憶：「我們從大量文獻確認樹皮布在南島語族文化的重要性，很多部落至今仍為了樹皮布而種植構樹。這麼重要的植物，當年遷徙時必然會帶著走。」

隨著人類遷徙的構樹

在這個研究，我們只問簡單的問題：太平洋的構樹從哪裡來？有什麼證據？

鍾國芳和研究團隊除了在台灣、中國、中南半島、日本、菲律賓採集，並前往南島語族分布的遠、近大洋洲，由印尼蘇拉威西、東加、斐濟、薩摩亞、復活節島（Rapa Nui）、夏威夷等地採集構樹活體樣本，也從國外植物標本館內的藏品（如 1899 年採集自紐埃島、1959 年採自新幾內亞的樣本）取樣，總計蒐集超過 600 個構樹樣本，進行分子親緣分析。

為了尋找可提供歷史資訊的遺傳變異，研究團隊測試了多個 DNA 片段，最終在構樹的樹葉中——葉綠體基因組 *ndhF* 至 *rpl32* 兩個基因間的間隔 DNA（Spacer DNA）——找到關鍵的 DNA 序列。

從蒐集到的構樹樣本中，研究團隊檢驗出 48 種不同的單倍體基因型（Haplotypes）。中國、中南半島、台灣的構樹，單倍

構樹傳播地圖

鍾國芳團隊採集東亞與南太平洋各島嶼的構樹樣本，根據葉綠體 DNA 序列分析顯示，這些構樹樣本帶有 48 種不同的單倍型。其中 cp-17 單倍型（紅色圓圈）在大洋洲占大多數，也出現在台灣南部。從圖 1 可看到 cp-17 由台灣南部特有的 cp-16（紫色圓圈）、cp-9（橘色圓圈）演化而來，與台灣北部、亞洲大陸常見的 cp-1（綠色圓圈）、cp-20（米色圓圈）關係較遠。

（圖片來源：A holistic picture of Austronesian migrations revealed by phylogeography of Pacific paper mulberry，https://doi.org/10.1073/pnas.1503205112）

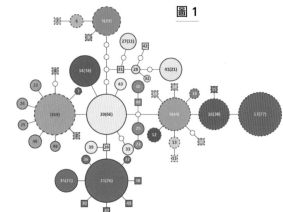

圖 1

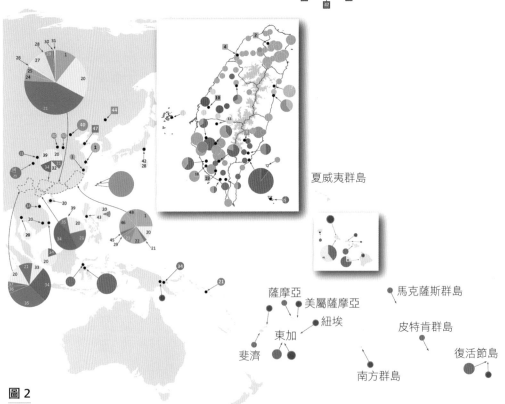

圖 2

夏威夷群島

薩摩亞
美屬薩摩亞
紐埃
東加
斐濟
南方群島
馬克薩斯群島
皮特肯群島
復活節島

體基因型的多樣性相當高，如左頁圖各種顏色的圓圈，高度多樣性顯示東亞到中南半島是構樹原生地。而南太平洋島嶼的遺傳多樣性則相對低落，以 cp-17（紅色圓圈）為主；在太平洋島嶼之外，具有 cp-17 的構樹僅分布在台灣南部。

　　由於印尼蘇拉威西、新幾內亞及遠大洋洲等島嶼上攜帶 cp-17 的構樹，均為當地原住民以根部萌蘖（無性繁殖）的構樹，鍾國芳興奮指著構樹單倍體基因型分布圖說明：「台灣的構樹單倍體基因型比較豐富，而南太平洋構樹則以 cp-17 占絕大多數，由遺傳分析判斷，cp-17 一定是從台灣特有的 cp-9（橘色圓圈）、cp-16（紫色圓圈）演變而來。」

　　從生物地理學與遺傳學的觀念，基因多樣性較高的區域比較接近族群散布的起點。意即「南太平洋的構樹起源自台灣」。

❝ 人工種植的構樹，讓基因成為歷史的切片

　　南太平洋的南島語族社會，構樹都是以根部萌蘖，也就是藉無性繁殖的方式進行人工種植。鍾國芳回憶，之前在復活節島演講時，當地居民看到台灣構樹開花結果的照片大吃一驚！

　　鍾國芳與智利團隊在 2016 年以分子標記證明：太平洋構樹絕大多數都是雌性植株。因為雌雄異株的構樹，在台灣是開花授粉結果、藉種子傳播的有性生殖天然族群；但被帶到南太平洋的構樹，則是藉無性繁殖的雌性族群。這顯示南島語族先祖攜帶構樹旅行時，只帶了雌性植株，因此無法行有性生殖。

　　研究團隊透過田野調查和文獻發現，構樹在大洋洲多為人

構樹的樣貌
右圖的構樹雌花序是大洋洲
居民少見的景象。
（圖片來源：鍾國芳提供）

工栽培，許多個體尚未成熟就被採收作為樹皮布原料，且幾乎沒有採集到雄樹的學術紀錄，因此難以進行有性生殖。而在東亞分布廣泛的構樹，其實難以適應熱帶的野外環境，需要人工照顧。團隊採集的太平洋構樹樣本，都是來自人為栽培的環境，除了與智利學者安茱莉亞・席蘭弗恩德（Andrea Seelenfreund）、丹妮拉・席蘭弗恩德（Daniela Seelenfreund）密切合作，還使用許多海外博物館的樣本。

　　無法靠人類以外的生物跨越海洋，在南太平洋依賴南島語族栽種繁衍、進行無性繁殖，這些因素讓南太平洋的構樹演化史，與南島語族的歷史密切相關。而大洋洲構樹的 cp-17 單倍體基因型，僅與台灣南部同類吻合，排除了這些構樹的祖先來自其他區域如中國大陸、中南半島等地的可能性。

構樹的分布，也標記出南島語族——構樹栽培與使用者——的起點與遷移路線：從台灣出發，沿著海路經過印尼、新幾內亞到遠大洋洲。

僅存的明顯疑問是：南島語族活躍的菲律賓為何沒有攜帶 cp-17 的構樹？

鍾國芳與研究團隊研讀文獻及標本館資料，發現菲律賓不是現存構樹的原生地。他們推論，史前時期帶有 cp-17 的構樹隨南島語族來到菲律賓，可能水土不服、不易種植。此外紡織技術傳入當地後，取代了樹皮布，構樹的種植與使用文化逐漸消失，類似台灣原住民族的狀況。直到第二次世紀大戰前，菲律賓才因公共政策大量移植構樹。

「我們花了很多時間採集樣本、聯絡各地的標本館，前往某些治安不佳的田野時，甚至很擔心自身安全。為了 DNA 定序

從構樹葉綠體基因描繪出南島語族史前航線、佐證「出台灣說」，鍾國芳認為整個研究過程是「努力與幸運的結合」。

更耗費超過百萬元的經費，其中有些訊息雜亂、難以判讀，我們也只能忘記耗費的時間、人力與經費，繼續分析。」經過了7年的努力，研究成果終於獲得《美國國家科學院刊》的肯定。

不是所有努力研究的結果，都會很戲劇化、博得大眾關注。基礎科學工作經常是以「不那麼幸運」的時候居多。

鍾國芳坦承，如果南島語族在數千年前攜帶的構樹，並非台灣獨有的單倍體基因型，而是台灣、中國大陸區域皆有的其他單倍型，研究成果雖仍是重要的學術發現，但或許就不會有那麼高的新聞價值。「南島語族攜帶 cp-17 的構樹，對後來的我們是非常幸運的巧合。科學工作重視的是嚴謹研究和推論過程，不論結果如何，用平常心接受就好。」

回顧研究歷程，20多年前，鍾國芳是台灣植物分類學領域，最早以分子生物學方法進行植物多樣性研究的碩士生之一。鍾國芳樂於嘗試新方法，但他也提到「目前研究團隊成員使用次世代分子定序，遠比當年我的方法更強大，技術是手段，最重要的還是研究問題本身」。

團隊裡有許多森林系畢業生，對於分子生物學原本非常陌生，多數是加入團隊後開始學習而熟練。他熱情分享團隊的合作互助，能提供的訓練不僅僅是新技術，最重要的在於「討論的文化」，從研究生到助理、博士後研究員都能從同儕的日常討論中，聊出解答問題的方法。

❝❝ 延伸閱讀

張至善（2014）。〈樹皮布的歷史脈絡〉，《原住民族文獻》，15: 3-10。

Chang, C. S., Liu, H. L., Moncada, X., Seelenfreund, A., Seelenfreund, D., & Chung, K. F. (2015). A holistic picture of Austronesian migrations revealed by phylogeography of Pacific paper mulberry. *PNAS, 112(44), 13537–13542.*

Peñailillo, J., Olivares, G., Moncada, X., Payacán, C., Chang, C. S., Chung, K. F., Matthews, P. J., Seelenfreund, A., & Seelenfreund, D. (2016). Sex Distribution of Paper Mulberry (*Broussonetia papyrifera*) in the Pacific. *PLOS ONE, 11(8), e0161148.*

Payacan, C., Moncada, X., Rojas, G., Clarke, A., Chung, K. F., Allaby, R., Seelenfreund, D., & Seelenfreund, A. (2017). Phylogeography of herbarium specimens of asexually propagated paper mulberry [*Broussonetia papyrifera* (L.) L' Hér. ex Vent. (Moraceae)] reveals genetic diversity across the Pacific. *Annals of Botany, 120(3), 387–404.*

破解
遠古以來的
植物謎團

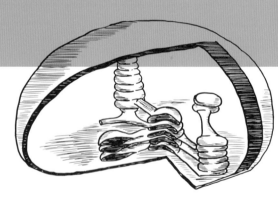

發現葉綠體
蛋白質橋梁的李秀敏

Lesson 6

葉綠體的蛋白質橋梁

．．．．．．．．．．

　　光合作用在葉綠體進行，而葉綠體必須有賴細胞質輸入「蛋白質工人」才能正常運作。中央研究院分子生物研究所特聘研究員李秀敏與其團隊，耗費 7 年，找到能讓蛋白質穿越葉綠體外圍雙層膜的橋梁 TIC236，解開葉綠體運作的大謎團，更發現這套運輸系統從遠古細菌一直沿用到高等植物。這項植物演化學上的重大突破研究，於 2018 年 12 月登上《自然》，並獲專文推薦。

" 曲折輾轉，植物始終是最愛

　　踏入李秀敏的實驗室，窗邊桌面是綠意盎然的植物，牆上貼著玉米品種演化和花草彩繪海報，拍照時，研究人員搬來幾株植物一同入鏡，看得出研究室主人與植物親密無間。李秀敏從小住在台中眷村，熟悉巷弄裡的每一株植物，還會幫它們取名字。高中時成績很好，她卻不想讀醫科，填志願時按照分數將臺大動物系填前面、植物系放後面。她笑著說：「小時候不知天高地厚，認為植物可以自己念，比較不喜歡的動物學科由老師教，這樣兩門都能學會。」

　　進入動物系第一年，她便發現不對勁。解剖青蛙時，她順手扔掉沒用的蛙骨，渾然不覺每根骨頭都有名字；其他對動物有興趣的同學，對蛙骨卻如數家珍。雖然成績是班上第一，但她念得很痛苦。

李秀敏與她的研究團隊
由左到右為朱瓊枝、李秀敏、陳麗貞、陳奕霖。他們手上拿的就是本次研究的主角：阿拉伯芥和豌豆。

直到大二接觸普通植物學，當課本發下──

我立刻有了回到家的感覺，有興趣的東西都在裡面！

李秀敏決定轉系，將動物系的課全部退掉，轉而選修植物系。動物系主任皺著眉頭說：「妳要簽切結書，如果沒法順利畢業，自己負責。」她又找植物系教授加選課程，教授也十分驚訝：「從來沒人從動物系轉到植物系，妳確定嗎？」期末成績出爐，她得到最高分，終於在大三時如願轉入植物系。

不過後來赴美留學，一開始她並不是研究植物，挑了酵母菌、藍綠菌和動物細胞的三個實驗室輪流實習，只是內心始終無法滿足。

她回憶：「某天我在想，如果用生命中最精華的 4、5 年寫一本博士論文，我願意做酵母菌或動物嗎？不可能！一定得做植物。」研究藍綠菌的老師建議她到一間研究葉綠體的實驗室，她的博士論文就在那裡完成。

從此，她的人生就跟「葉綠體蛋白質運輸」這個題目，結下不解之緣。

❝ 一道困住科學家的謎題：葉綠體蛋白質運輸

說到葉綠體，李秀敏就像聊起老朋友般熱絡：「一般人對葉綠體的印象只是行光合作用，其實它還有許多功能，身世也很有趣。」遠古時期，有顆單細胞動物吞下了藍綠菌，藍綠菌變成細胞內的葉綠體，從此演化出植物這個大家族。植物細胞更將細

胞質的許多功能轉交給葉綠體執行。

李秀敏說，如果把植物細胞看成一座城市，細胞內的葉綠體如同一間間「城市農園」，除了行光合作用製造養分，還要負責製造必需胺基酸、脂肪酸和荷爾蒙等物質。

既然是農園，當然需要工人。「葉綠體農園」運作需要許多具有特殊功能的蛋白質，這些「蛋白質工人」，大部分由植物細胞的細胞核下令、在細胞質製造完成後，才送入葉綠體工作。但是葉綠體外表有外膜和內膜，就像兩道城牆，中間還隔著一道膜間隙，如同護城河。蛋白質工人到底是如何順利進入葉綠體？這道「葉綠體蛋白質運輸」的謎題，困擾了科學家數十年。

葉綠體外膜和內膜間的橋梁：
TIC236

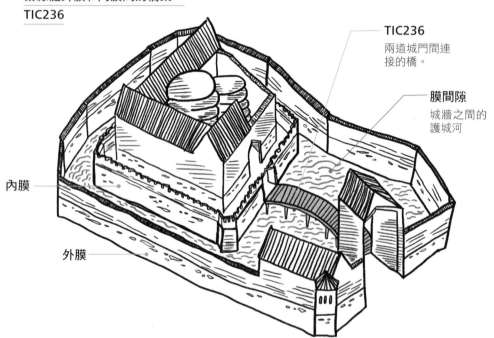

TIC236
兩道城門間連接的橋。

膜間隙
城牆之間的護城河

內膜

外膜

葉綠體有外膜和內膜，就像內外兩道城牆，中間隔了膜間隙，如同城牆之間的護城河。過去科學家已經找到蛋白質進入外膜與內膜的轉運蛋白（內外城門），並推測兩道城門應該有一座橋連接，讓蛋白質能順利跨越膜間隙（護城河）。李秀敏團隊的貢獻就是找到這座橋：TIC236。

繞了一圈,回到最愛

雖然李秀敏覺得葉綠體研究很有趣,但博士後為了拓展視野,她又拐了一個大彎,進入研究植物光訊息傳遞的熱門實驗室。有次李秀敏因緣際會飛去德國做研究,不料下飛機的第二天便摔斷了手!她人在醫院,此時收到美國研究室傳來植物光訊息傳遞的實驗結果,心情沮喪萬分,不知不覺隨手將紙翻面,沙沙沙寫下博士班沒完成的葉綠體題目……。

「妳又忘了應該追求自己的興趣啊!」她懊惱地想,立刻決定放棄當紅題目,回頭研究最愛的葉綠體,從此再也不動搖。

「我常對學生說,一定要追求自己的興趣,才不覺得累,可以一直做、一直做。」李秀敏微笑總結。

藏在葉綠體內外膜的謎團

回到葉綠體蛋白質研究,李秀敏發現的葉綠體蛋白質橋梁,為什麼會引起學界震撼?

早期的研究已經知道,要進入葉綠體的蛋白質會攜帶一段特殊信號,就像帶了「識別證」,內外膜上則有轉運機組,如同膜上的城門能辨識信號,讓蛋白質通過。歷經 20 多年研究,科學家已陸續發現轉運機組的成員,並將外膜的轉運機組稱為 TOC,內膜的轉運機組稱為 TIC。

但近年來,科學家陷入瓶頸:他們發現蛋白質會同時穿越葉綠體的內外膜,可是不知道它「如何」穿越中間寬闊的膜間隙(護城河)。只能推測 TOC 和 TIC 這兩道「城門」之間,應該有一座「橋」相連,實驗上也支持這個看法。

內、外膜上的轉運機組

過去科學家已經找到內、外膜上的轉運機組的許多成員，實驗上也證實兩機組應該相連。怎麼證實的？

科學家從豌豆苗分離出葉綠體，利用和膜上機組成員對應的抗體，將膜上的機組成員拉下來，看看能不能把內外膜機組成員一起拉下來。李秀敏解釋：「用抗體從外膜拉，TOC 和 TIC 會一起被拉下來，用抗體從內膜拉，兩者也一起被拉下來，所以知道彼此一定有一座橋相連。」然而科學家始終找不到那座相連的「橋」。

（資料來源：李秀敏提供）

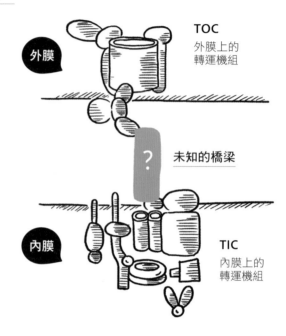

於是全世界有十幾個實驗室都想找到這座橋，而李秀敏團隊最終在 2018 年宣告破解這座神祕的橋梁：TIC236。

66 好運，留給準備好的人

為什麼李秀敏的團隊能破解謎題？關鍵在於他們突破了過去實驗的思考框架：不從葉綠體下手，而是研究白色體。

白色體和葉綠體都由植物細胞的色質體分化而來，結構很相似。在葉子處為了行光合作用，變成含有葉綠素的葉綠體；在根部不行光合作用，則變成不含葉綠素、無色的白色體，可儲存養分。

過去科學家多以葉綠體做實驗，用質譜儀分析葉綠體內成分。但葉綠體有許多與光合作用有關的蛋白質，它們的量很大、訊號強，TIC236 則因為容易被水解、訊號弱，便會被掩蓋。但李秀敏改用白色體做實驗，沒有了大量光合作用蛋白干擾問題，TIC236 才有機會現身。

有趣的是，起初李秀敏團隊研究白色體，並不是為了尋找內外膜之間的這座橋，而是想要知道，白色體內外膜的轉運機組是否跟葉綠體一樣，希望用於作物改良。

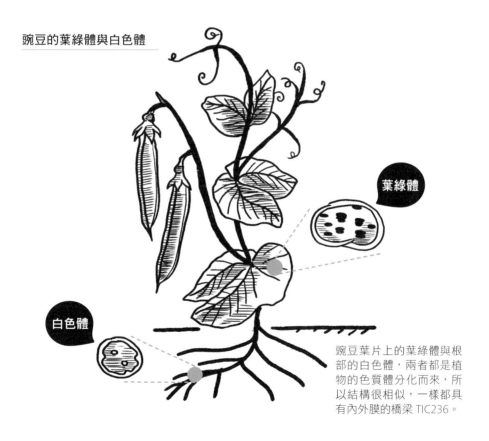

豌豆的葉綠體與白色體

葉綠體

白色體

豌豆葉片上的葉綠體與根部的白色體，兩者都是植物的色質體分化而來，所以結構很相似，一樣都具有內外膜的橋梁 TIC236。

她請團隊成員朱瓊枝取下豌豆根、分離出白色體，分析膜上的轉運機組成員，結果意外看見一個新面孔：TIC236。李秀敏立刻上網搜尋，找到一篇論文提到大腸桿菌的雙層膜之間也有個作為橋梁的 TamB 蛋白，竟然與 TIC236 的序列相似。換句話說，TIC236 可能與 TamB 一樣具有「橋梁」的功能。「莫非 TIC236 就是葉綠體外、內膜間的橋梁？」李秀敏敏銳地聯想。

她說：「好運是留給準備好的人。那天搜尋到它跟大腸桿菌的 TamB 橋梁蛋白很相像，我已經知道是什麼樣的故事，只是需要證明。」

❝❝ 破了一關，還有一關

她先請團隊成員陳奕霖進行研究：TIC236 基因是否在葉綠體裡也很重要？查閱資料庫後發現，TIC236 基因在阿拉伯芥全株都有表現，一旦基因被破壞，植株就會死亡，但過去科學家並不清楚這個基因的作用。

接下來，若證明 TIC236 和外膜通道蛋白 TOC75 真的相連，就能確認 TIC236 是連接內外膜轉運機組的橋梁。陳奕霖用了一個很短的化學交聯劑做實驗，兩端可以分別和不同的氨基酸相黏，如果 TIC236 和 TOC75 都被黏住，表示兩者距離非常接近，彼此應該相連。

實驗成功了！然而，好事多磨。當時有個德國研究團隊已經發表論文，認為葉綠體外膜通道 TOC75 在演化過程中翻轉了180 度。李秀敏很詫異：「如果 TOC75 真的已翻轉，TIC236 就不可能和 TOC75 相連。」因此他們又繞了一大圈，花上兩年重複德國的實驗，終於證實他們是錯的。

阿拉伯芥的野生株（左）以及 TIC236 基因表現量減少的突變株（右），突變株有發育不良或葉子缺刻等狀況，表示若缺少 TIC236 這座橋，葉綠體無法正常運作。（圖片來源：李秀敏提供）

" " 蛋白質啊！你可不可以跑快一點？

最後，研究如何讓大家「眼見為憑」：在 TIC236 基因表現量減少的突變株中，TOC 和 TIC 轉運機組的複合體含量確實會減少？

這要透過凝膠電泳並拍照。方法是：通電後，各個蛋白質會按分子大小和性質等，分別在凝膠上移動，就像賽跑般有快、有慢，藉此可將它們分開，一個個在凝膠上現形，一眼看出它們的多寡，又稱為跑膠。

一般蛋白質的分子量小，容易跑膠，但 TOC 和 TIC 轉運機組的複合體很大，很難在膠上移動。李秀敏說：「那時真的快抓狂！那不是一般的膠，超難跑。每個週末我都在研究室思考怎麼改進。」她和陳麗貞費時近兩年才完成這項艱鉅任務。

歷經 7 年的實驗抗戰，他們終於證明 TIC236 的確是葉綠體內、外膜之間的橋梁通道，並證實了這套運輸系統從最早的細菌保留至今，為植物演化學上一大突破性發現。論文獲登國際知名期刊《自然》，還得到編輯專文推薦。

李秀敏笑著解釋：「這個蛋白質很難做，我們有辦法找到，並證明它從低等細菌一直保留到高等植物，就是我們厲害的地方。」被問到為什麼能設計如此別具創意的研究，她頓了頓，認真地說：

這次的突破並非創新或天才想法，而是一步步、按部就班，並加上團隊的通力合作才能完成。

對植物的熱愛與長年的扎實研究，終於讓李秀敏發現這座葉綠體不可或缺的生命之橋。一直在這個問題上努力不懈的她，也宛如一座橋，引領我們探索植物生命的奧妙。

延伸閱讀

Chen, Y. L., Chen, L. J., Chu, C. C., Huang, P. K., Wen, J. R., & Li, H. m. (2018). TIC236 links the outer and inner membrane translocons of the chloroplast. *Nature, 564(7734), 125-129.*

研
之
有
物

植物
吸收養分的
關鍵閘道

蔡宜芳的
植物硝酸鹽轉運蛋白研究

Lesson 7

幫助植物吸收氮肥的幕後功臣

　　30 年前科學家雖然了解氮肥的重要，知道植物會利用氮肥中的硝酸鹽作為養分來源，但是當時還不清楚植物如何吸收這些硝酸鹽養分。中央研究院分子生物研究所特聘研究員蔡宜芳，利用分子生物技術，解開植物有效利用硝酸鹽的機制，找到負責搬運養分的硝酸鹽轉運蛋白 CHL1，並且從最微小的基因尺度，用科學方法改善農業，提升植物的氮肥利用效率。

❝❝ 養分搬運工：硝酸鹽轉運蛋白

氮肥是現代農業必需品，植物可以吸收的兩種氮源型態為：硝酸鹽、銨鹽。在施用氮肥之後，土壤中的細菌會幫忙將氮肥轉換成植物可以吸收的硝酸鹽或銨鹽，由於在一般的土壤中硝酸鹽的含量較高，所以植物主要是吸收硝酸鹽進入體內作為氮源。不過硝酸鹽屬於帶電離子，無法自己通過由脂質構成的細胞膜「路障」，必須藉由蛋白質的協助才能通過。

雖然科學家在 30 年前已知氮肥多以硝酸鹽型態被植物吸收，但並未找出植物體內負責吸收硝酸鹽的蛋白。

1990 至 1993 年，蔡宜芳在美國從事博士後研究，當時植物的分子生物技術剛起步。在那之前，硝酸鹽吸收研究多是測試植物吸收硝酸鹽的能力，或是不同環境下的吸收能力變化等較傳統的生理實驗。為了找出負責硝酸鹽通輸的神祕蛋白質，蔡宜芳需要建立新的研究方法。她耗費近兩年，經常整天坐在電生理實

長年投身於研究植物硝酸鹽轉運蛋白，中研院分子生物研究所特聘研究員蔡宜芳的研究成果，不僅刊登於國際頂尖期刊 *Cell* 中，更在 2021 年 4 月獲選為美國國家科學院外籍院士。

位於細胞膜，身兼數職的硝酸鹽轉運蛋白 CHL1

（資料來源：C.-H. Ho, S.-H. Lin, H.-C. Hu, and Y.-F. Tsay* 〔2009〕. CHL1 Functions as a Nitrate Sensor in Plants. *Cell 138, 1184-1194.*）

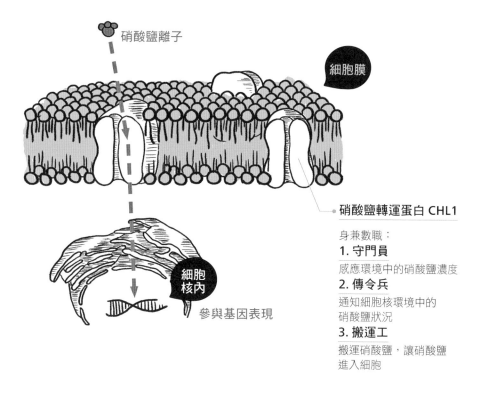

硝酸鹽離子

細胞膜

硝酸鹽轉運蛋白 CHL1

身兼數職：
1. 守門員
感應環境中的硝酸鹽濃度
2. 傳令兵
通知細胞核環境中的
硝酸鹽狀況
3. 搬運工
搬運硝酸鹽，讓硝酸鹽
進入細胞

細胞
核內

參與基因表現

驗檯上。實驗室主持人曾經一度想停掉這個計畫案，擔心她白白花費太多時間，但蔡宜芳始終不肯放棄。

　　1994 年回台灣之後，蔡宜芳仍持續投入。她與研究團隊陸續發現，位於植物細胞膜上的「硝酸鹽轉運蛋白 CHL1」，正是身兼數職的多功能養分搬運工。

　　CHL1 蛋白不僅能輸送硝酸鹽進入細胞內，還會在感測土壤環境中的硝酸鹽濃度後，調控下游基因表現來幫助植物更有效率地利用硝酸鹽。透過研究此轉運蛋白，對於了解農作物利用氮肥的原理與機制，便能往前邁進一步。

研之有物

" 改寫植物教科書的分子生物研究

　　研究突破的歷程中，分子生物技術扮演了關鍵助力。過去，由於缺乏分子生物技術，研究者多是進行遺傳學或生理學的研究。例如，荷蘭的菲恩斯特拉（Feenstra）博士與研究團隊很早就找到無法正常吸收硝酸鹽的阿拉伯芥突變株（mutant），研究生化生理特性，確認它就是硝酸鹽吸收壞掉的突變株，但受限技術無法進一步研究。

　　蔡宜芳說：「在我 10 歲的時候這個突變株就在了，可是因為沒有分子生物學的技術，因而無法確知是哪個基因出問題，導致它無法吸收硝酸鹽。」

　　1990 年，分子生物技術剛建立起來，蔡宜芳運用這項工具找到關鍵基因後，開始進行延伸性研究。由於植物體內有其他 52 個基因和 CHL1 同屬一個蛋白家族，研究團隊也逐一了解它們的基因功能。經過數年努力，終於成功解開植物運輸、利用硝酸鹽的關鍵機制。

　　蔡宜芳團隊發現，植物會想盡各種策略來確保年輕葉片有足夠的硝酸鹽，並且在開花結果後，把硝酸鹽輸送給種子做利用。若解開這一系列的相關機制，就可了解硝酸鹽在植物中輸送的各種路徑。過往教科書的記載，無機的氮源（例如硝酸鹽）只在木質部中輸送，有機的氮源（例如胺基酸）才會在韌皮部篩管中輸送。但是，蔡宜芳的研究發現改變了這項教條！硝酸鹽不僅可以在韌皮部篩管中輸送，而且這個輸送機制對植物的生長很重要。

　　另一方面，蔡宜芳也對轉運蛋白的調控感興趣。植物本身有兩種硝酸鹽的吸收系統，在土壤硝酸鹽含量很低時，負責作用的系統為「高親和性系統」；在土壤中的硝酸鹽含量很高時，則

環境中的硝酸鹽濃度與轉運蛋白

（左圖）當環境中硝酸鹽濃度較低時，CHL1 會因磷酸化，而成為高親和性的轉運蛋白。
（右圖）當硝酸鹽濃度較高時，CHL1 則被去磷酸化，以轉換成低親和性的轉運蛋白。
（資料來源：K.-H. Liu and Y.-F. Tsay*.〔2003〕. Switching between the two action modes of the dual-affinity nitrate transporter CHL1 by phosphorylation. *EMBO J.* 22:1005-1013.）

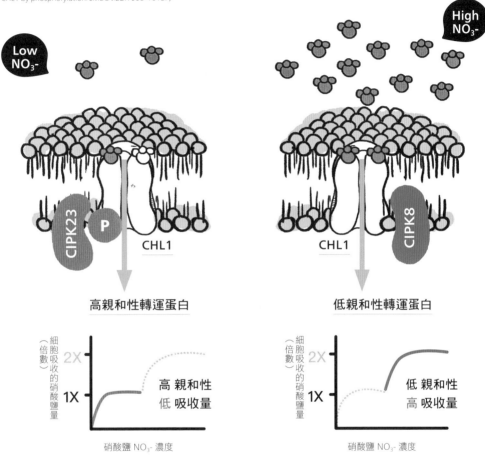

由「低親和性系統」負責吸收。植物利用此兩個吸收系統去應對
外界多變的硝酸鹽環境。

　　以前科學家都認為這是兩個獨立的系統，直到 2003 年蔡宜
芳實驗室的博士班學生劉坤祥研究發現：轉運蛋白 CHL1 可藉由

磷酸化的轉換，感受到細胞外面的硝酸鹽濃度變化，來調節自身的吸收模式。

這個研究顯示：植物有能力感應外界環境的硝酸鹽變化。不只是轉運蛋白會改變，植物也知道硝酸鹽濃度低的時候省著點用、濃度高就貯存，因應變化來調控基因表現。這一系列反應非常快速，30 分鐘就會誘發植物的基因表現。

❝ 提高硝酸鹽效率　解決氮肥問題

1950 年代的綠色革命，運用氮肥讓作物產量翻倍，推進了世界人口的增加。此前，肥料原先取自海鳥糞，後來人類雖找到了硝石礦，仍不足以應付需求，一直到德國化學家弗里茨・哈伯（Fritz Haber）找到方法把氮氣轉換成植物能應用的形式。但氮氣的鍵結很強，需高溫高壓來打斷鍵結，非常耗能，全世界約有 1 ～ 2% 能源用於製造氮肥。

氮肥到土壤裡會被細菌轉換成硝酸鹽，但硝酸鹽不易保存在土壤中，下雨就會沖刷、進入到水循環。如此耗能生產的氮肥，施用於田間，卻只有一半或更少能夠被植物利用。而流入湖川海洋的過多硝酸鹽會造成優養化作用，形成藻華、死區（Dead Zone），大為影響生態環境。

因此，蔡宜芳團隊希望用新的技術來回答新的問題，讓植物吸收硝酸鹽的效率更好，進而減少環境的污染、製造氮肥的能源消耗。

氮肥供應充足的時候，硝酸鹽養分主要會送往成熟葉；但在缺乏氮肥時，植物會把儲存在老葉的硝酸鹽運送到嫩葉。看到這種轉移的情況，研究團隊思考：如果能夠強化這種轉移養分的

阿拉伯芥中，調控硝酸鹽吸收的基因 NRT1.11、NRT1.12 和 NRT1.7，
透過不同路徑養護嫩葉。

（資料來源：Ya-Yun Wang*, Yu-Hsuan Cheng*, Kuo-En Chen and Yi-Fang Tsay〔2018〕. Nitrate Transport, Signaling, and Use Efficiency. Annu. Rev. *Plant Biol. 69:27.1-27.38.*、S.-C. Fan, C.-S. Lin, P.-K. Hsu, S.-H. Lin, and Y.-F. Tsay*〔2009〕. The Arabidopsis Nitrate Transporter NRT1.7, Expressed in Phloem, Is Responsible for Source-to-Sink Remobilization of Nitrate. *Plant Cell 21: 2750-2761.*）

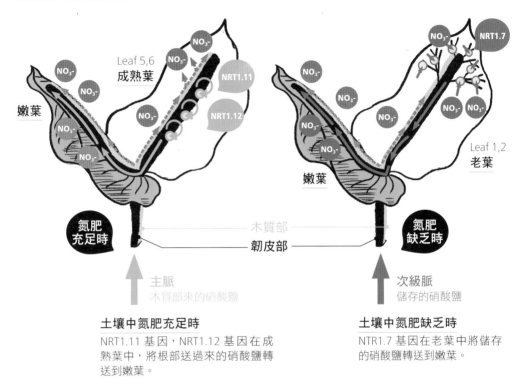

土壤中氮肥充足時
NRT1.11 基因，NRT1.12 基因在成熟葉中，將根部送過來的硝酸鹽轉送到嫩葉。

土壤中氮肥缺乏時
NTR1.7 基因在老葉中將儲存的硝酸鹽送到嫩葉。

機制，是不是就能夠加強氮肥的利用效率？

　　研究發現，葉子中的 NRT1.7 基因便具有這個作用。換言之，如果能加強 NRT1.7 的基因表現，或是活化參與這個轉移機制的蛋白質活性，就可以提高植物利用氮肥的效率，促進植物生長。目前團隊已經在阿拉伯芥實驗成功，取得台灣和美國的專利，同樣的策略也證實可應用在菸草及水稻。此策略如能廣泛地運用在多種作物，對於生態環境將是一大助益。

研之有物

66 **科學研究與植物之美**

談起投身植物研究的初衷，蔡宜芳笑著說：「因為覺得植物很美，安靜默默地生長，無怨無悔提供我們人類養分。」蔡宜芳回憶，大學選擇臺大植物系的原因很浪漫——她很喜歡植物，喜歡走進森林、走進大自然的感覺，希望能更了解植物。

大四時，蔡宜芳在實驗室裡做組織培養。這是當時的熱門題目，在植物組織中加入不同荷爾蒙，就會變成地上部的葉子或地下部的根。組織培養雖然有趣，但知其然不知其所以然，完全不知道這些變化的原因，無法滿足她喜歡打破砂鍋問到底的個性，碩士時她便轉向分子生物領域。當時植物的分生研究還未發展，蔡宜芳先從研究病毒、酵母菌開始，直到讀完博士班，尋找研究題目時，發現植物仍然最能觸動她的神經，便決定回頭埋首植物研究。

植物研究的特色在於，可以從分子生物的尺度、到整株植物的生理去探索答案，並發現這一切都相互呼應。其中的細微作用如何影響到整個作物的生長，甚至最終的農業產量，以及跟環境的相關性，都讓蔡宜芳備感興趣。

回首一路研究歷程，蔡宜芳強調做研究一定要有好奇心，渴望追求新問題的答案，同時也需要邏輯思考能力去尋找答案。許多人只看見科學養成中的技術訓練，其實邏輯思考的養成比技術更難，需要慢工出細活，難以一步到位。她不藏私地分享具體的操練方法，包括看論文要試著找到核心價值；研究時，清楚這個領域中最重要的問題；解讀數據也是重要的邏輯思考訓練。找到問題後，研究者必須評估哪個方向值得投資，思考如何設計實驗來尋找答案，同時判斷實驗資料和數據代表的意義。

身為女性科學家，還有另一層考驗，因為社會對女性的期許與要求，兼顧家庭和事業成為一大挑戰，讓許多女性面臨家庭與事業的衝突時，容易放棄自己的事業。蔡宜芳笑說自己很幸運，先生願意全力支持，因此她也常鼓勵女學生：盡力克服，不輕易放棄，家事盡量找到助力或幫手，女性也可以顧全自己的事業，擁有自己的一片天！

❝❝ 延伸閱讀

Chen, K.-E., Chen, H.-Y., Tseng, C.-S., and Tsay, Y.-F.(2020). Improving nitrogen use efficiency by manipulating nitrate remobilization in plants. *Nature Plant, 6(9), 1126-1135.*

Fan, S. C., Lin, C. S., Hsu, P. K., Lin, S. H., & Tsay, Y. F. (2009). The Arabidopsis Nitrate Transporter NRT1.7, Expressed in Phloem, Is Responsible for Source-to-Sink Remobilization of Nitrate. *The Plant Cell, 21(9), 2750–2761.*

Ho, C. H., Lin, S. H., Hu, H. C., & Tsay, Y. F. (2009). CHL1 Functions as a Nitrate Sensor in Plants. *Cell, 138(6), 1184–1194.*

Liu, K. H., & Tsay, Y. F. (2003). Switching between the two action modes of the dual-affinity nitrate transporter CHL1 by phosphorylation. *The EMBO Journal, 22(5), 1005–1013.*

Wang, Y. Y., Cheng, Y. H., Chen, K. E., & Tsay, Y. F. (2018). Nitrate Transport, Signaling, and Use Efficiency. *Annual Review of Plant Biology, 69(1), 85–122.*

調控減數分裂遺傳重組的新契機

破解玉米
「基因洗牌」的關鍵角色

Lesson 8

發現玉米基因「天然洗牌」的
關鍵蛋白質——DSY2

糧食危機是全球重要議題，各國科學家皆投身研究，努力找到不同策略，提升作物育種的效率。在中央研究院植物暨微生物研究所副研究員王中茹的實驗室裡，透過超高解析度顯微鏡來觀察玉米的染色體世界，他們正努力破解同源染色體如何重組的謎團。其中，發現蛋白質 DSY2 是解開謎團的第一個線索。

" " 為什麼要研究植物「減數分裂」？

全球暖化與極端氣候讓農業面臨前所未有的挑戰，加上耕地減少、世界人口持續增加，糧食危機極可能一觸即發。面對此威脅，各國無不投入作物改良技術的研究，從了解遺傳重組的分子機制、研究植物耐逆境反應、探勘農藝性狀相對基因座，以及精進育種策略、改良基因轉殖和基因編輯技術，都是為了提升作物育種的效率。

然而，從人類開始有意識地挑選植物來栽種，直到現今，幾乎所有的育種策略中，有性生殖過程進行減數分裂時，所發生的基因重組都扮演了關鍵的角色。每一次的減數分裂，同源染色體相互交換一段 DNA，並且隨機分配到生殖細胞中，再與另一個體的生殖細胞結合產生下一代，此新的基因組合就帶有無限的可能性。

王中茹笑說：「就算是再小的發現，衝回實驗室跟大家宣布前，我是全宇宙唯一知道這件事的人！」

在策略上，育種學家有時想增加基因重組的多樣性，有時則希望能夠固定設計好的基因組，而這些都需要對減數分裂時發生的染色體配對與重組，有更深入的了解，才能有效調控遺傳重組。因此，王中茹團隊也正努力破解同源染色體重組的謎團。

玉米種子如何產生？

花粉

雄花

授粉

雌花

當雄花的花粉落到雌花上，兩套單倍體的染色體組合成下一代，生成一顆顆玉米種子。但其實早在花粉母細胞（雄）和大孢子母細胞（雌）進行減數分裂時，就有人類肉眼看不見的基因重組，可以想像成基因天然洗牌。
（資料來源：賴鵬智拍攝、王中茹提供）

66　基因洗牌的祕密：染色體互換

每天一睜開眼，想到要去上班是什麼心情？對於王中茹與團隊而言，每天都是一個發現新事物的機會。在好奇心的驅使下，王中茹與當時博士班學生李頂華及團隊成員發現影響玉米染色體DNA 交換的關鍵之一：DSY2 蛋白質。這個蛋白質促進減數分裂染色質組合成有彈性的長條狀染色分體，並參與「染色體互換」，讓染色體上的基因能透過「天然洗牌」，使玉米的下一代有更多變異，有機會長得更好、更能適應環境。

有趣的是，早在一萬年前，進入農業時代的老祖宗就發現，重複對農作物擇優去劣，可以讓族人吃好吃飽，野生植物就這樣默默地被馴化成人類的作物。這改變作物性狀的過程，即是一種「基因改良」，也就是從植物族群的自然變異中，經過反覆篩選親本植株進行交配或回交，透過減數分裂中的基因重組，染色體獨立分配，產生不同基因組合的生殖細胞，授粉後再從下一代中挑選出優良個體，培育為穩定的品系。可別小看這種傳統育種的方法，約九千至六千年前，中南美洲的馬雅人便將外型性狀與玉米大不相同的大芻草，逐漸馴化為現代的玉米了。

66　基因洗牌與現代育種

如果幾千年前的古文明就懂得如何改良作物，那現代科學家又是如何加快育種速度來應付多變的環境？

隨著分子生物學和遺傳育種學的進展，近一百年來，科學家發展出各種方法，例如利用誘導突變以得到大量變異植株進行篩選，這樣育種學家就不用苦苦等待罕見的自然變異。在 1970 年

傳統育種、基因改造、基因編輯，三種技術的差別

（資料來源：王中茹提供）

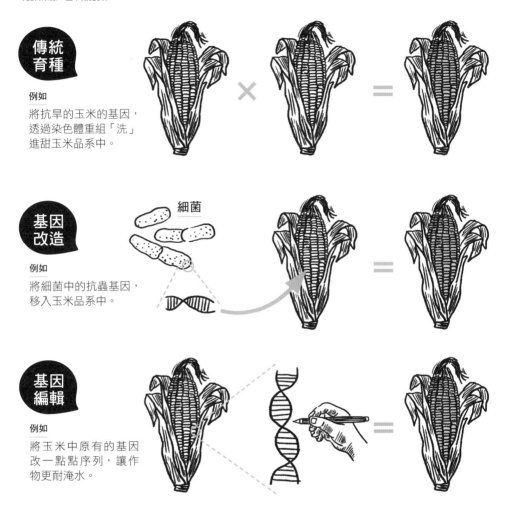

傳統育種

例如

將抗旱的玉米的基因，透過染色體重組「洗」進甜玉米品系中。

基因改造

例如

將細菌中的抗蟲基因，移入玉米品系中。

細菌

基因編輯

例如

將玉米中原有的基因改一點點序列，讓作物更耐淹水。

代，由於基因轉殖技術的開發，科學家得以將不同物種的 DNA 片段轉移到作物的基因組中，經過子代性狀的選拔，得到穩定帶有導入性狀的植株，這些透過基因轉殖的品系，被稱為「基因改造」生物，即所謂的 GMO。近年則發展出 CRISPR/Cas9 基

因編輯技術，可以針對作物原有的特定基因，編輯少許 DNA 序列而微調其功能。完成編輯後，還可利用減數分裂的染色體重組，將外來的編輯器去除，這樣所得到的植株不帶有其他物種的 DNA，只留下被編輯的序列，因此稱為「基因編輯」。

從科學的角度上，這些「改變作物基因組成」的方法與老祖宗所做的其實相差不大。

儘管育種方法突破，新興基因編輯技術也廣受矚目，但減數分裂時的基因重組仍扮演一個關鍵的角色。因為不管作物改良的方法為何（例如：尋找特定性狀的基因，研究其基因功能，並利用基因附近的分子標記，進行分子標誌輔助育種；抑或進行基因轉殖或基因編輯之後的後續分析與選拔），只要是透過有性生殖，就需要經過減數分裂染色體基因重組。即使是在基因體解碼的後基因體時代，由於我們對每一代減數分裂時，基因重組的位置和數目無法掌握調控，仍然大大限制了育種工作的速度。

以目前全球產量最多的作物玉米為例，要應付人口增加、耕地減少和氣候變遷，估計到 2050 年全球的玉米產量仍需要再增加七成，才得以應付世界的變化。

❝❝ 染色體互換　攸關今生基因拿到什麼牌

有句名言說道「人生不在於手握一副好牌，而是打好你手上的牌」，但無論是人類或玉米，當爸媽的生殖細胞進行減數分裂，在染色體重組並隨機分配時已決定一部分基因組合；接著精細胞與卵細胞有緣相遇時，就決定今生拿到的基因牌組。

為何我從爸爸那遺傳到爺爺的自然捲、奶奶的大眼睛，但是沒有遺傳到爺爺的長睫毛、奶奶的挺鼻子？因為爸爸的染色體也

是爺爺和奶奶給的，在爸爸的精細胞進行減數分裂時，爺爺奶奶的染色體互換重組，並且最後只留一組染色體在爸爸精細胞中，再搭配上媽媽送的另一組染色體，就組合成「我」的遺傳藍圖。

　　基因「天然洗牌」重組的過程中，在同一條染色體上的「好基因」與「壞基因」可藉著重組而打散，不再一起代代相傳。基因若能拿到好牌，表現在人類上，也許會是高顏值；表現在玉米上，則可能是碩大香甜又耐旱抗蟲。

如何生出更好的下一代？

透過一代又一代的基因「天然洗牌」重組，配合分子標誌輔助，有機會培育出集合優點於一身的玉米，例如抗蟲、香甜又耐旱。（資料來源：王中茹提供）

如：香甜玉米

如：耐寒玉米

栽培種　　野生種　　玉米小孩

玉米小孩　　栽培種

目標留下好的基因

玉米的子孫
第 N 代

重複回交

染色體互換
基因重組

　　好的基因：例如抗蟲、香甜
　　中性的基因
　　壞的基因：例如不耐旱

打斷手骨顛倒勇　打斷DNA洗好牌

在生殖母細胞減數分裂的階段，同源染色體必須互相配對，才能正確地在接下來的過程中兩兩分離。而配對時的每對同源染色體（也就是一條來自爸爸，一條來自媽媽），會先在染色體的許多地方發生「DNA雙股斷裂」（DSB），從分子生物學的角度來看，這是相當危險的行動，因為DNA是生命的遺傳藍圖，萬不可隨便斷裂損傷！但減數分裂是個獨特的過程，染色體為了正確遺傳到下一代（也就是同一對染色體，只傳一條到生殖細胞中），勇敢地自斷手腳，尋找另一條同源染色體上可以互換的

基因重組的洗牌過程

染色體上的DNA會發生多處打斷（DSB），但最終能互換的DNA片段只有一部分。
（資料來源：王中茹提供）

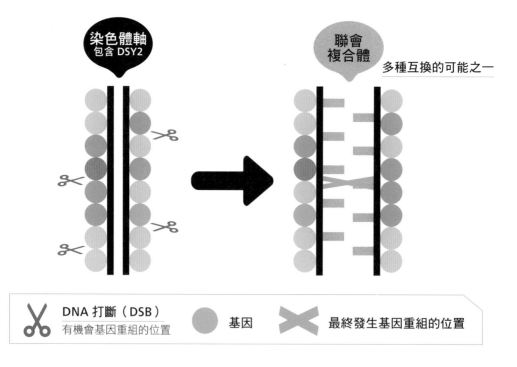

染色體軸
包含DSY2

聯會
複合體

多種互換的可能之一

DNA打斷（DSB）	基因	最終發生基因重組的位置
有機會基因重組的位置		

中間這一大段極少互換的染色體，可能有著讓下一代更好的基因。（資料來源：王中茹提供）

主要的
染色體互換區段

染色體

主要的
染色體
互換區段

若能讓中間這段 70% 的染色體也能互換 DNA，就
有機會讓更多基因重組，洗出更好的玉米人生牌組

DNA。這些 DNA 斷裂的位置，有機會成為最終染色體互換的位
置，基因重新組合後的兩條染色體，再平均分到細胞中。

　　計畫性地打斷 DNA 非同小可，可以想見細胞在這過程必須
有很嚴密的控制，比如說：何時打斷 DNA、打斷的位置和數目，
以及確保所有 DNA 斷裂最後都被完整修復。另外，在眾多 DNA
斷點中，每對染色體通常只會發生一至兩個互換，而且最終互換
的位置往往位於染色體的末端區域。為此，世界各國的科學家與
王中茹研究團隊，皆投入研究，希望能找出決定 DNA 斷裂的關
鍵，和最終控制染色體互換位置的機制，也許便有機會讓原本不
會互換的染色體區段也能發生基因重組。

❝❝ 影響玉米基因洗牌：關鍵角色 DSY2

　　警方追查案件，需要找到關鍵人物，科學家為了追查染色體
互換的源頭，同樣煞費苦心。2015 年王中茹研究團隊發現，影
響玉米得以發生基因洗牌的關鍵角色之一，就是一種名為 DSY2

研之有物

基因重組的洗牌過程

玉米中名為 DSY2 的基因負責促成染色體互換。（資料來源：王中茹提供）

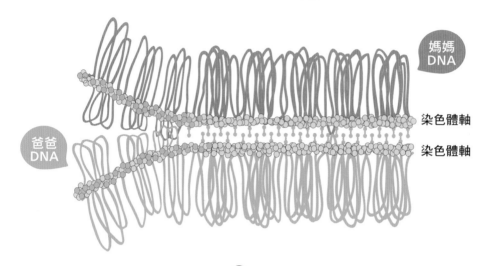

① 有 **DSY2** 的協助，DNA 斷裂才順利發生。

② DSY2 為染色體軸蛋白，當作基座與 ZYP1 結合，發展出像拉鍊的**聯會複合體**。

③ 聯會複合體參與調節**天然洗牌**的位置和頻率。

的蛋白質。

　　DSY2 蛋白質不僅影響 DSB 的發生，也參與另一個重組互換中的重要過程：聯會。當同源染色體靠著 DSB 在細胞核中找到彼此時，DSY2 蛋白質與另一群蛋白質（其中以 ZYP1 為主）會形成拉鍊般的結構，把兩條染色體緊緊拉在一起，好讓染色體完成互換，並且修復所有 DSB。這個拉鍊般的構造，稱為聯會複合體（synaptonemal complex），也進而影響互換發生位置。

　　王中茹研究團隊發現，DSY2 蛋白質也是聯會複合體是否

可以成功組裝的關鍵。若把 DNA 片段想像成要跳到另一條同源染色體攻城，中央蛋白 ZYP1 是負責在護城河搭橋的士兵，而 DSY2 蛋白質是引導這一切得以實現的軍師。

　　如果造物主限制染色體互換的區段和數目是關上一道門，對減數分裂的深入剖析則是開了一扇窗。此研究成果被刊登在國際期刊《植物細胞》（*The Plant Cell*），並獲美國農業部「玉米基因組研究資料庫」（MaizeGDB）評鑑為重要的科學發現。透過對 DSY2 功能的更多分析，研究團隊正逐步了解 DSB 的決定因子和聯會在重組上的調控。仔細了解玉米的染色體重組機制後，就能實驗如何操控這些蛋白質影響基因「天然洗牌」重組，有機會發展出有用的育種策略，成為未來解決糧食危機的契機。

　　基礎研究不一定能應用，但如果不從基礎開始，就像房子沒有了地基，何來的創新應用？——王中茹

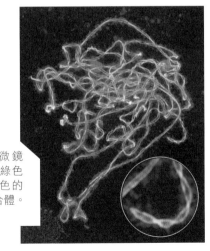

超高解析度螢光顯微鏡中，看到染色體上面綠色的 DSY2 蛋白質、紅色的 ZYP1，組合成聯會複合體。
（資料來源：王中茹提供）

研之有物

王中茹研究團隊鑽進顯微鏡的世界中，發現促成玉米基因「天然洗牌」的關鍵蛋白質 **DSY2**。

玉米染色體有什麼好看？
——專訪細胞遺傳學家王中茹

❝❝ 探索基因天然洗牌的祕密

　　王中茹與研究團隊發現，當玉米的生殖母細胞進行減數分裂時，有一個關鍵蛋白質 DSY2 會影響 DNA 斷裂和互換。基因重組的過程是育種學家尋找更多有用基因，並產生更多遺傳組合以培育優良品種的基礎。

探討基因如何透過「天然洗牌」重組的過程，也就是研究「減數分裂時的染色體互換」。雖然是國際趨勢，但很少研究者在作物上分析其中的分子機制。因為以作物為研究材料，往往更加費時費工，而這類基礎研究不會立即有大發現，需要愚公移山的時間與精力。王中茹與年輕的研究團隊，憑著渴望了解新事物的好奇，投入這項研究領域，堅持找出控制基因重組的關鍵。除了滿足對遺傳學的熱情，更希望可以縮短育種的時程，找到解決糧食危機的可能。

　　要迅速了解 DSY2 蛋白質的功能，就像要迅速破關瑪利歐遊戲一樣困難，如果早已忘記國高中課本教的「減數分裂」、「染色體聯會」等內容，讓我們從王中茹的研究生涯説起，隨著她一起發現以前課本不會教的染色體奧妙。

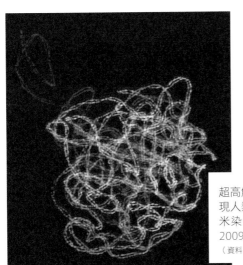

超高解析度螢光顯微鏡中的世界不只美，更能發現人類肉眼看不到的細胞奧妙，圖中可以看見玉米染色體的「聯會複合體」結構。此照片獲得 2009 年 OLYMPUS BioScapes 比賽世界第二名。
（資料來源：王中茹提供）

什麼時候擁有人生中第一台顯微鏡？

國小三年級時，我梭哈自己存下的所有壓歲錢，買了一台兒童型複式顯微鏡，雖然很像塑膠玩具，但也足以讓我看到自己的紅血球了，那瞬間我真心覺得「太酷了」！

水田裡、池塘裡任何可以透光的東西，我全部拿到顯微鏡下觀察。我不認識顯微鏡底下的微生物、草履蟲，當時也沒有網路，我哥就拿他的國中課本給我，或一起去圖書館找資料，對顯微鏡中的世界越來越感好奇。我很喜歡用顯微鏡探索未知的事物，這種新鮮感促使我走上研究染色體這條路。

Q 第一次看到染色體，是什麼心情？

讀臺大植物系的時候，我在遺傳學實驗中觀察洋蔥的根尖細胞，那是第一次看到染色體。但印象最深刻的是，研究所時進行細胞遺傳學的實驗，我們抽自己的血、養自己血裡的淋巴細胞，做自己染色體的核型、排出每一條染色體、觀察染色體的數目和大小，這一切讓我興奮得不得了！

父母在世上能找到彼此已經很不容易，當精子和卵子相遇，才形成「我」。在我的生殖細胞中，他們的染色體還要重新尋找彼此配對，才能傳到我的下一代，這不是很浪漫嗎？

染色體為什麼要在細胞中重新尋找彼此配對？這是生物有性繁殖中最重要的「減數分裂」過程，有減數分裂才能確保爸媽、小孩、孫兒輩都是 23 對染色體，不會生出染色體以倍數成長的子孫。而在減數分裂過程中，同源染色體會互換一部分 DNA 片段，配對互換的過程可確保正確地將一套染色體傳到細胞中，同

減數分裂的過程

爸爸和媽媽的染色體，在細胞中要尋找彼此、配對互換 DNA，才有機會生出更好的下一代。

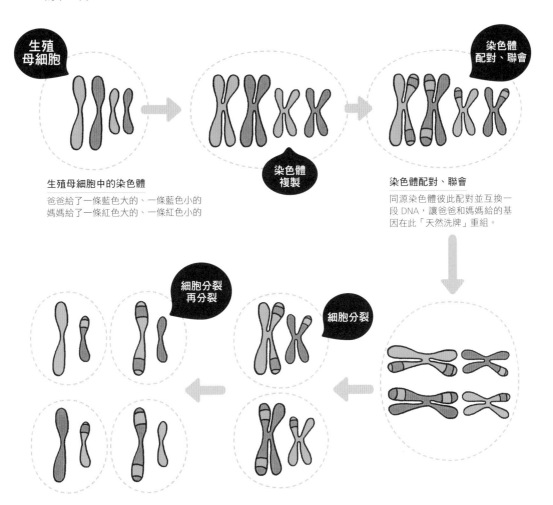

生殖母細胞中的染色體

爸爸給了一條藍色大的、一條藍色小的
媽媽給了一條紅色大的、一條紅色小的

染色體配對、聯會

同源染色體彼此配對並互換一段 DNA，讓爸爸和媽媽給的基因在此「天然洗牌」重組。

細胞分裂再分裂

每個生殖細胞中，剩下一條大的、一條小的染色體，有些片段來自爸爸，有些片段來自媽媽，每個細胞帶的 DNA 都不盡相同。

時透過「天然洗牌」，讓爸爸和媽媽給的基因在「我」的生殖細胞重組，增加更多遺傳變異性。

這種奧妙的遺傳現象，發生在每一次的減數分裂中，在生物學上極為重要。透過顯微鏡觀察玉米減數分裂如何發生，了解這必要的細胞分裂機制，若能掌握發生的關鍵，就有機會透過控制染色體互換與基因重組，加速育種效率，培育出玉米界的馮迪索抵抗致命氣候，不只強壯也很美味。

 會產生基因「天然洗牌」的生物那麼多，為什麼特別研究玉米？

我在大三時對於一直死背教科書中的知識感到枯燥、迷惘，那時看了《玉米田裡的先知》這本書，受到芭芭拉 · 麥克林托克（Barbara McClintock）啟發。

王中茹的辦公桌後方貼著偶像芭芭拉 · 麥克林托克的照片，她終身致力於玉米細胞遺傳學研究，因為發現跳躍基因，被認為是「玉米田裡的先知」。

麥克林托克是細胞遺傳學家，當時的研究技術沒有這麼先進，她卻能透過長期觀察顯微鏡、做遺傳實驗，在 1940 至 1950 年代就發現基因會從染色體的原本位置跳躍到另一處。但當時的科學家無法想像、也無法理解這麼先驅的發現，加上麥克林托克身為女性，更不受重視，實驗室被迫搬到整棟樓最陰暗的角落，就算到處演講也沒有人在乎。但她仍然堅持研究幾十年，1983 年終於得到諾貝爾獎的肯定。

這個故事雖然辛酸苦情，卻喚醒我小時候透過顯微鏡，看到微小新世界的那股興奮與熱情。因為受到麥克林托克這位細胞遺傳學家的影響，後來我讀臺大植物系碩士班時就找了細胞遺傳學的陳其昌老師，從研究菸草的核型開始，博士班時轉為研究螢光定位標記玉米 DNA 的方法和遺傳圖譜。近年來則利用 3D 超

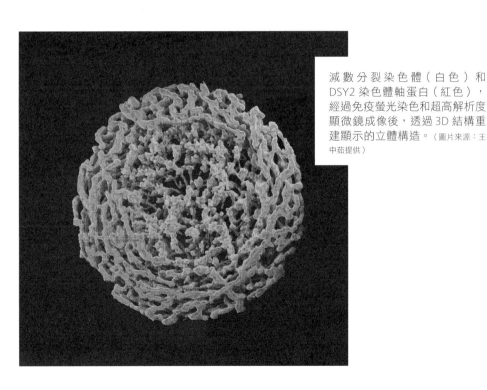

減數分裂染色體（白色）和 DSY2 染色體軸蛋白（紅色），經過免疫螢光染色和超高解析度顯微鏡成像後，透過 3D 結構重建顯示的立體構造。（圖片來源：王中茹提供）

高解析度顯微鏡和最新的細胞擴展技術，探究玉米減數分裂時的染色體行為與蛋白質功能。

另一個讓我堅持研究玉米的原因是，玉米的花粉母細胞比阿拉伯芥、酵母菌的大很多，透過超高解析度顯微鏡，可以清楚看到細胞減數分裂的過程、染色體如何配對互換 DNA。而玉米雄花穗有上千個花藥，其中的減數分裂細胞在花穗上依序進入減數分裂，這個特性讓我們容易取得大量同步和相鄰階段的細胞，阿拉伯芥、水稻、哺乳類等其他模式物種都沒有這種研究上的便利。

當玉米的花藥生長到 1 公厘時，1 個花藥中的 600 個細胞會同時進行減數分裂，並且開始複製、DNA 打斷、配對、重組、同源染色體分離等步驟，我們透過流式細胞儀，將上萬個同時進行減數分裂的細胞一顆顆分離出來，以大數據的角度運用蛋白質體學（Proteomics）、基因組學（Genomics）分析，就能從玉米身上發現其他物種無法提供的資訊，例如哪一段區域的 DNA 和別的區域很不一樣，進而找到影響 DNA 打斷的關聯。

玉米的花粉母細胞不但很大，同時進行減數分裂的細胞更高達上萬個，這是玉米提供我們獨特的大數據資料，能發現什麼就靠我們把握。

延伸閱讀

Lee, D. H., Kao, Y. H., Ku, J. C., Lin, C. Y., Meeley, R., Jan, Y. S., & Wang, C. J. R. (2015). The Axial Element Protein DESYNAPTIC2 Mediates

Meiotic Double-Strand Break Formation and Synaptonemal Complex Assembly in Maize. *The Plant Cell, 27(9), 2516–2529.*

Ku, J. C., Ronceret, A., Golubovskaya, I., Lee, D. H., Wang, C., Timofejeva, L., Kao, Y. H., Gomez Angoa, A. K., Kremling, K., Williams-Carrier, R., Meeley, R., Barkan, A., Cande, W. Z., & Wang, C. J. R. (2020). Dynamic localization of SPO11-1 and conformational changes of meiotic axial elements during recombination initiation of maize meiosis. *PLoS Genetics. 20;16(4):e1007881.*

研
之
有
物

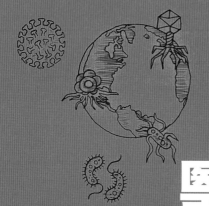

未來
醫療站

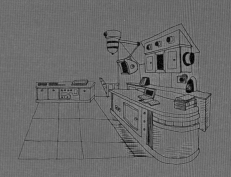

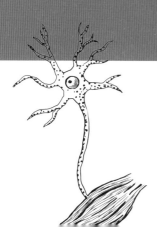

PART 2

草藥怎麼吃
才有效？

草藥科學的重大突破

Lesson 9

精準藥草學
●　●　●　●　●

　　從研究水稻、酵素到完全不熟悉的草藥，中央研究院農業生物科技研究中心的徐麗芬特聘研究員由零開始。最初她曾被外界挑戰與質疑，認為草藥是江湖術士的把戲，但經過 20 年的潛心研發，研究團隊運用植物天然成分預防與治療癌症，有了重大斬獲。

『『 以科學建立正確的草藥觀念

徐麗芬曾在科普演講中，以「今天沒有要提供神祕的藥方，而是來談談有科學證據的草藥」作為開場白。回憶起當時台下滿座的民眾，她笑著說：「科普演講比發表論文還困難！很怕聽眾回去仍然霧嗄嗄（bū-sà-sà）。」

要用幾句白話就將學術思維說明清楚，並不容易。不過因為三不五時會接到「草藥諮詢」電話，比如有人聽聞昭和草能抗癌，便急忙問她昭和草要如何煮食？這令徐麗芬察覺大眾對醫藥常識的高度興趣，而傳播正確知識就是科學家的責任。

「有效的抗癌化合物不是家中煮煮就會『跑』出來，或吃了就有效。」徐麗芬強調，即使許多研究成果通過小鼠試驗，仍

1997 年自美返台後，徐麗芬參與創建中研院生物農業科學研究所（今農業生物科技研究中心）的籌備工作，就此與草藥結下不解之緣。

無法確定會全然反映療效於人體。此外，實驗室驗證有藥效的植物化合物，是先經由粗萃取物、再透過分離精製濃縮（enrich）而產出，劑量不夠也達不到治療效果。例如有的草藥活性成分含量不高，若換算回原植物，一次可能就要吃掉好幾斤，才可達到有功效的劑量；何況全吃下肚也未必就能抗癌，因此更要小心生活中的草藥語言陷阱。

徐麗芬提醒，市售健康食品或有健字號的商品，主要是以保健或預防疾病為目的，而不是用來「治病」，攝取也不宜過量，維持中道即是。

抗發炎的昭和草、抗癌的地膽草

現有超過 60% 的抗癌藥物，是從植物萃取的有效天然物（natural products），或其化學結構修飾物。例如，太平洋紫杉醇（paclitaxel）即是天然物，為臨床上用於治療乳癌、卵巢癌等多種惡性腫瘤的化療藥物，不過對病患造成的副作用極強。

有鑑於此，徐麗芬團隊研究草藥之抗癌作用，除了發掘單一或多重天然物成分的抗癌功效，降低傳統化療藥物的副作用之外，團隊亦研究草藥是否對易產生抗藥性的化療或標靶藥物有「增敏」（sensitize）效果，亦即，讓草藥成分可作為輔佐劑（adjuvant）來維持或提升臨床抗癌藥物之療效。

在民間，草藥時常被拿來塗抹，抑制發炎、消腫毒，但民眾使用草藥消炎的經驗大多為口耳相傳。徐麗芬表示，草藥研究目的之一，便是透過科學研究驗證草藥的有效性，以檢視民間傳說是否屬實。因此，實驗室從昭和草、地膽草這些菊科植物萃取天然物，以科學技術系統實驗草藥在動物體中如何抑制發炎反應

昭和草

昭和草含有抗發炎、抑制皮膚
黑色素瘤的天然物。
（圖片來源：徐麗芬提供）

與癌症，包括調控哪些基因、蛋白質、代謝物與訊息傳遞因子等
項目。研究發現，「昭和草」含有抑制皮膚發炎的成分，進而證
實了該成分具有抑制皮膚黑色素瘤的功效。

近年，科學研究已證實「發炎」和諸多人類的疾病相關，
例如：癌症、心血管代謝疾病（過度肥胖、糖尿病）、關節疾
病、老化等。雖然發炎有時只是身體的免疫反應，不一定會引發
特定疾病，但長期或慢性發炎確實與多種重要疾病的演進有直接
關係。因此，深入了解草藥抑制發炎的機制，也有機會發展出抑
制腫瘤生長或轉移的天然藥物，昭和草的研究成果即為代表性的
例子。

徐麗芬團隊發現，地膽草分離之倍半萜內酯類（sesquiter-
pene lactone）化合物去氧地膽草素 DET（deoxyelephantopin）

能有效阻止乳癌細胞增生，並且對正常乳腺細胞沒有不良影響。相較之下，傳統化療藥物紫杉醇，雖然也可阻止癌細胞增生，卻會造成正常細胞的蛋白質有異常聚集的現象。

透過乳癌細胞轉移肺臟之臨床前動物實驗模型，徐麗芬團隊亦發現：比起傳統化療藥物紫杉醇，地膽草 DET 可以更有效地延長小鼠二倍平均壽命。也就是說，攜有腫瘤的小鼠，未加藥處理的平均壽命是 27 天；以紫杉醇化療藥物治療能存活 37 天；

地膽草 DET 成分 vs. 化療藥紫杉醇

兩者皆能抑制乳癌細胞活性，但地膽草 DET 不會對正常乳腺細胞產生副作用，而紫杉醇化療藥卻會使正常乳腺細胞的骨架蛋白質產生異常聚集的現象。（資料來源：徐麗芬提供）

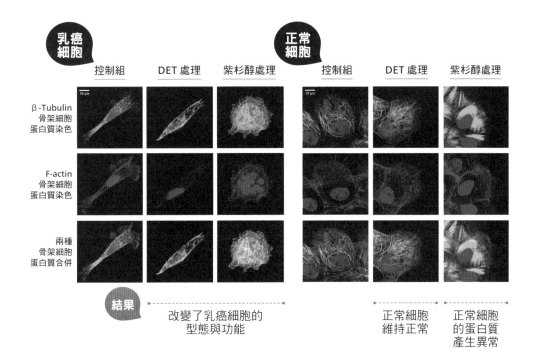

想像示意圖

乳癌細胞經由地膽草 DET 成分處理，改變胞外泌體的蛋白質成分，
進而阻斷癌細胞增生。（資料來源：徐麗芬提供）

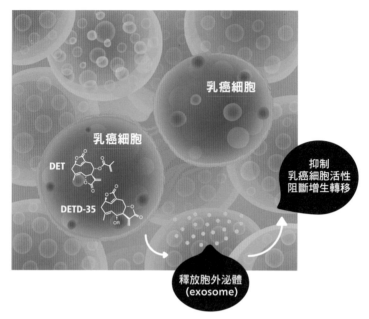

而若以地膽草 DET 治療，壽命則可延長至 56 天。

　　此外，一般常見的癌症標靶藥物，通常只能對付癌細胞其
中一種標的，最終無法達成有效抗癌效果。腫瘤微環境（tumor
microenvironment）的「結構共犯」，包含腫瘤相關基質或免疫
細胞、血管增生、促發炎訊息傳遞介質等，也會支援腫瘤成長與
轉移。因此現在開發的有效抗癌藥物，不只是對付癌細胞本身，
也會將「共犯」一併納入研究與治療範圍。

　　徐麗芬提出草藥「多重藥理學」（polypharmacology）觀點，
認為草藥不像一般標靶藥物只針對癌細胞或單一標的來治療，而

可同時調控多靶點，因此草藥化合物具有極大的開發潛力。

以胞外泌體（exosome）為例，它會把癌細胞的訊息物質傳遞給周遭「結構共犯」，助長癌細胞壯大增生。徐麗芬團隊蒐集乳癌細胞分泌的胞外泌體，發現使用地膽草 DET 處理癌細胞後，雖然胞外泌體變多，這些胞外泌體的蛋白質成分卻被改變了，反而會阻斷癌細胞與腫瘤微環境的訊息傳遞，包括抑制癌細胞本身活性、讓乳癌細胞不會增生與轉移。

十年磨一藥　實驗室有家的味道

除了研發草藥的藥理活性，植物活性成分的生產與品管、品保流程（CMC），以及未來藥品的研發與產製過程，每一項都耗時費力，也都是相當重要的環節。徐麗芬以昭和草為例說明，從第一篇研究論文發表，到「昭和草植物新藥」被美國食品藥物管理局（FDA）許可為抗癌試驗用新藥（Investigational New Drug, IND），整整花了 10 年。徐麗芬說，實驗室至少還有 3、40 種草藥等著研發，「現在連 TOP 10 都還沒做完！」團隊未來將持續以抗發炎與抗癌為研究標的，也會從單方成分擴展到複方草藥。

目前研究的草藥中，徐麗芬對被宣稱能清涼退火的台灣「青草藥」特別有感。她說，某個午後忽然聞到實驗室有熟悉的家的味道，原來是熬煮的大花咸豐草的香味（大花咸豐草是青草茶的主要材料之一），這猶如普魯斯特一瞬的滋味，讓她赫然浮現與母親在市場叫賣青草茶的兒時記憶。她直說：「從沒想到這輩子會研究青草茶，彷彿是冥冥中的安排。」

❝❝ 草藥是實驗的伴侶，我會一直研究下去……

　　草藥是一門複雜的科學，跨接農業與醫藥的研究領域，研究過程要理解與探究疾病根源，也需了解植物如何種植、鑽研其有效化學成分與分子藥理機制。徐麗芬期許，科研成果不是只用來發表論文，促成開發以證據為本的產品，用於人類或動物的保健，才是這門科學最大的價值。

❝❝ 延伸閱讀

Apaya, M. K., Lin, C. Y., Chiou, C. Y., Yang, C. C., Ting, C. Y., & Shyur, L. F. (2015). Simvastatin and a Plant Galactolipid Protect Animals from Septic Shock by Regulating Oxylipin Mediator Dynamics through the MAPK-cPLA2 Signaling Pathway. *Molecular Medicine, 21(1), 988–1001.*

Cvetanova, B., Li, M.-Y., Yang, C.-C., Hsiao, P.-W., Yang, Y.-C., Feng, J.-H., Shen, Y.-C., Nakagawa-Goto, K., Lee, K.-H., & Shyur, L.-F. (2021). Sesquiterpene Lactone Deoxyelephantopin Isolated from Elephantopus scaber and Its Derivative DETD-35 Suppress BRAFV600E Mutant Melanoma Lung Metastasis in Mice. *International Journal of Molecular Sciences 22, 3226.*

Hou, C. C., Chen, Y. P., Wu, J. H., Huang, C. C., Wang, S. Y., Yang, N. S., & Shyur, L. F. (2007). A Galactolipid Possesses Novel Cancer Chemopreventive Effects by Suppressing Inflammatory Mediators and Mouse B16 Melanoma. *Cancer Research, 67(14), 6907–6915.*

Shiau, J. Y., Chang, Y. Q., Nakagawa-Goto, K., Lee, K. H., & Shyur, L. F. (2017). Phytoagent Deoxyelephantopin and Its Derivative Inhibit Triple Negative Breast Cancer Cell Activity through ROS-Mediated Exosomal Activity and Protein Functions. *Frontiers in Pharmacology, 8, Article 398.*

Chao, W.-W., Cheng, Y.-W., Chen, Y.-R., Lee, S.-H., Chiou, C.-Y., & Shyur, L.-F. (2019). Phyto-sesquiterpene Lactone Deoxyelephantopin and Cisplatin Synergistically Suppress Lung Metastasis of B16 Melanoma in Mice with Reduced Renal Toxicity. *Phytomedicine 56, 194-206.*

Yang, C.-C., Chang, C.-K., Chang, M.-T. , and Shyur, L.-F. (2018). Plant Galactolipid dLGG Suppresses Lung Metastasis of Melanoma Through Deregulating TNF-α-mediated Pulmonary Vascular Permeability and Circulating Oxylipin Dynamics in Mice. *International Journal of Cancer 143, 3248–3261.*

Yang, C.-C., Chang, M.-T., Chang, C.-K., & Shyur, L.-F. (2021). Phytogalactolipid dLGG Inhibits Mouse Melanoma Brain Metastasis through Regulating Oxylipin Activity and Re-programming Macrophage Polarity in the Tumor. *Micro-environment. Cancers, 13, 4120.*

研
之
有
物

藥物
如何在體內
發生反應?

運用電腦模擬,
降低藥害風險

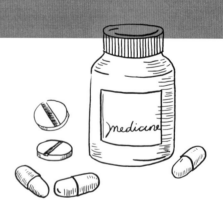

Lesson 10

「藥物設計」是什麼？

· · · · · · ·

　　中央研究院應用科學研究中心與生醫轉譯研究中心及生物醫學科學研究所合聘的林榮信研究員，同時也是臺大醫學院藥學系與長庚大學工學院的合聘教授，他與團隊以分子動力學、統計物理、結構生物等學問為法，藉由電腦的高速運算能力，模擬藥物分子如何與體內的標靶分子作用。這樣的跨領域做法不但能縮減藥物研發的時間及成本，也有助了解藥物在人體中的生化反應，降低設計出的新穎藥物分子的可能副作用。

藥物設計

每種藥物，都是得來不易的基礎研究與後續研發成果。
有些要等 10 年、有些要等 20 年，有些直到現在還在等。

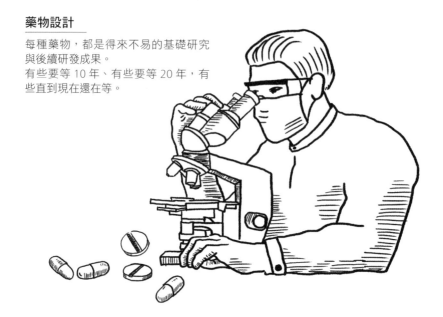

> ❝ ❝ **電腦助陣模擬，篩選候選藥物分子**

後基因體時代的小分子藥物研發流程，可簡要地敘述為以下步驟：1. 先透過大規模疾病相關的基因體學與蛋白質體學實驗，找到可在上面設計藥物分子的關鍵生物分子，作為治療標靶；2. 以結構生物學方法，決定其原子解析度級結構；3. 依此生物分子結構來設計並合成新穎藥物化合物。

雖然整個過程只用幾行字就打完了，但每一種藥物，從實驗室研發、臨床試驗到上市，不僅需要生物醫學、藥理學、生物資訊、生物化學、藥物化學等跨領域團隊投入研究，更必須耗費超乎想像的金錢與時間。因此，政府與科學家及各藥廠皆在思考如何加速此流程，以減少研發資源的錯置，並協助更多民眾減緩

病痛的折磨，回復健康與延長壽命。

　　我們使用的藥物之所以有效，是因為藥物分子與體內的疾病標靶分子（大多是蛋白質），產生交互作用，而以往主要是透過生物化學實驗或生物物理實驗，來了解此交互作用。但是這些實驗方式，並不能提供藥物分子與標靶生物分子之間交互作用的動態關係，大部分也無法提供原子尺度的資訊，因此對藥物設計的直接用處有限。要知道，許多藥物分子只是差了一個原子，其藥效往往就截然不同。此外，藥物開發的實驗所費不貲，一個錯誤的決策，便會導致進度推遲與研究資源的無效耗損。

　　有鑑於此，林榮信團隊的研究焦點為：在藥物研發初期，如果先利用電腦模擬出藥物開發所選定的「標靶分子」，接著快速篩選出有機會的「候選藥物分子」，透過高精度計算兩者相遇後會如何作用與運動，就能協助實驗團隊少走冤枉路，減少藥物開發失敗所耗損的人力、物力與光陰。

林榮信從物理學領域出身，跨足計算機科學與分子動力學，現將專業運用於藥物設計。

要達到這個目標，不僅有賴電腦持續進化的高速運算能力，以及物理、化學界精進計算方法，也需要科學家對生物分子結構了解更深入。

❝ ❝ 解析藥物設計的核心觀念

模擬藥物在原子、分子層次的藥理作用反應，首先需掌握會和藥物分子作用的體內蛋白質分子，或其他生物分子的結構。藥物設計不能只停留在「結構」層次，也得把蛋白質的「動態」考慮進去。

雖然蛋白質結構資料庫（Protein Data Bank）提供了許多以X射線結晶學、核磁共振學、低溫電子顯微術所決定出來的高解析度分子結構，但資料庫裡的分子結構實質上仍只是模型。舉例來說，分子裡面每個原子的 X、Y、Z 位置，不可能都固定，因為一般實驗條件中的蛋白質相當動態，但是該資料庫所提供的

諾貝爾獎得主克里克（Francis Crick, 1916~2004）有一句名言：「如果你要了解功能，你要研究結構。」這裡的功能，便是指生物分子的功能。
（圖片來源：維基共享資源）

分子結構的每個原子都只有一組 X、Y、Z 位置。因此，這便需要仰賴結構生物學的知識，來理解蛋白質結構資料庫中「分子結構」的真實意義。

林榮信指出，理想上，藥物設計最好能與結構生物學團隊合作，並輔以分子動力學（molecular dynamics）模擬出來的蛋白質動態資訊，然後透過進階的生物物理實驗，以間接驗證所得到的動態訊息。例如：帶有時間解析度的 X 射線晶體學 (time-resolved X-ray crystallography)，甚至是自由電子雷射 (free electron laser)。不過，這些實驗技術雖持續有進展，仍然十分緩慢。

學術界如同大型生態環境，有些人會進來、有些人會出去；進來的時間點不同，看到的世界也很不同；而每個人獲得與提供的資訊都不太一樣，每次進來的人都會留下不同程度的進展。像這樣逐步推進，從歷史來看，通常要用 2、30 年或以上的時間尺度，才較能有突破性的研究進展。

66 藥物標靶預測平台，開放科研資料

藥物分子如何與體內的生物分子結合、交互作用，是林榮信團隊核心的研究主題。

過往，若要開發天然物（Natural product）製成現代西方醫學的藥物，需先在古籍或文獻中查詢某種草藥或複方的可能活性，接著萃取、純化出有效化合物之後，再透過生化實驗測試其生物活性。不僅測試過程漫長，期間還需仰賴許多的研究與推測。

近年來，林榮信的實驗室開發出程式，可用來計算藥物分

子和不同蛋白質系統的反應，並建構成「藥物標靶預測平台」idTarget，開放科研資料，提供其他研究人員探索藥物可能的作用標靶。團隊希望運用大量生物結構學的結構資料，配合藥物分子和蛋白質結合的自由能計算，找出藥物分子和哪些蛋白質較有可能作用。由於化學上每一個反應發生與否及可能性，可以透過自由能來預測，因此生物系統上快速、準確的自由能計算，一直

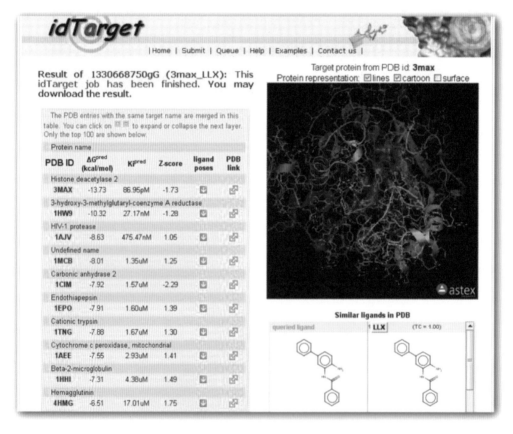

藥物標靶預測平台

林榮信團隊建立的「藥物標靶預測平台」idTarget，只要上傳藥物分子結構圖，便能預測蛋白質資料庫（Protein Data Bank）其中可能結合的標靶蛋白質分子。（圖片來源：idTarget）

是林榮信實驗室的核心基礎課題；實驗室也運用深度學習，來開發自由能計算的方法。

林榮信實驗室的另一個重點，是以科學方法研究傳統常見的藥材，這也是目前醫藥研究的重要方向之一。

例如，《本草綱目》記載「天麻」具有安神與鎮定的效果，而中國醫藥大學的林雲蓮教授團隊發現，天麻中有個新分子 T1-11，與過去較熟知的天麻素有很不同的作用。另一方面，中研院生物醫學研究所的陳儀莊博士團隊則發現，T1-11 分子能用於治療亨丁頓舞蹈症。基於這些研究發現，林榮信實驗室透過電腦設計出適合的藥物分子，並由臺大化學系的方俊民教授團隊合成藥物，建構出一種新藥開發的跨領域合作方式。

從物理跨領域至藥物設計

回顧一路的研究歷程，林榮信說投入研究藥物設計，不是某天靈機一動的決定，而是在學術研究的道路上，漸漸朝向這個方向。

林榮信回憶，當年就讀臺大物理系時，導師陳永芳教授對大家說：「21 世紀的物理，應該是生物物理（Biophysics）。」從那時起，「研究『生物物理』是個不錯的方向」，便在他心中生根、萌芽。

大三時，林榮信開始對統計力學（Statistical mechanics）萌生興趣，這門學問關注如何理解複雜系統。許多物理學研究專注在單一的系統，例如分析原子裡面的夸克；但有另一個物理研究方向，則聚焦如何處理很大、很複雜的問題。如今林榮信投入研究的藥物設計，也是關注體內的生物分子和藥物分子之間，整個

系統如何產生複雜的反應。

　　時間再往前一點回顧，林榮信在建中時有幸參加第一屆「北區高中理化學習成就優異學生輔導實驗計畫」，隔週週末，他都要從台北坐車去清華大學受訓一整天。清華大學物理系、化學系的各六位老師（李怡嚴、陳信雄、王建民、古煥球、劉遠中、張昭鼎、儲三陽等教授）親自指導，傳授許多課本以外的豐富知識。「不同的課程，會提供不一樣的世界，如果沒有機會接觸，就不會知道有那種思考方向。」林榮信分享，及早接觸這些大學才能學到的物理和化學，啟蒙了他思考未來的興趣。對他來說，這是一段重要的人生經驗。

　　儘管一點一滴摸索出方向，但是林榮信第一次真正從事「生物物理」研究，則要等到 1996 年到德國于利希研究院（Forschungszentrum Jülich）攻讀博士時。於此之前，林榮信在臺大物理碩士班的研究領域是計算物理（Computational

**于利希研究院的
超級電腦中心**

林榮信 2007 年回去訪問時，于利希研究院剛添置了 72 座 IBM 最新推出的 Blue Gene P，他特別與同事在新機房合影留念。

（圖片來源：林榮信提供）

physics）。他在德國的指導教授阿圖爾・鮑姆蓋特納（Artur Baumgaertner），原本研究的是高分子物理，後來跨足生物物理領域，投入約 10 年。他問林榮信對生物物理有沒有興趣？林榮信就此一頭栽進去。

于利希研究院的型態很像中研院，由 30 幾個研究所組成，擁有超過五千位研究員。在廣大的校園內，研究所之間通常僅有幾步之遙，有利於跨領域合作。當時那裡有全歐洲最大的超級電腦中心，因此對林榮信的研究有巨大幫助。

2000 年博士畢業後，林榮信自德國轉到美國加州大學聖地牙哥分校的霍華休斯醫學研究所工作。2001 年初，指導教授詹姆斯・安德魯・麥卡蒙（J. Andrew McCammon）某日發了一封郵件到實驗室群組，問道：「我有個新的藥物計算方法初步構想，有沒有人想開發？」林榮信一直希望研究成果能有較大的產業價值，因此很快就回應，隨後也成為這個方法開發小組的領導人。

當時的藥物計算程式，甫得到很大的進展，但仍只將蛋白質等生物分子視為一個靜態的結構。林榮信的團隊首度結合「藥物設計」計算與「分子動力學」，這不僅是林榮信攻讀德國博士班時的專業，同時也因為他具備寫程式及平行計算的豐富經驗，因而能將不同計算工具整合在一起。

❝ 如何踏入「藥物設計」這個學門？

林榮信認為，現在的學生學習速度非常快，一旦決定研究領域，便會全心投入學習。只是目前國內仍缺少適合的藥物設計課程，提供完整訓練。

　　因此，林榮信與研究同仁於 2018 年 3 月，在中研院舉辦了「計算藥物設計方法與應用的前沿進展」工作坊，除了回顧藥物設計的重要文獻、介紹藥物設計的程式工具，也選了一些藥物分子與其作用的蛋白質分子讓學生們上機演練，藉此了解計算細節與眉角。

　　「如果對這個領域有興趣，千萬不要因為怕困難，想等到研究所再深入了解。越早學習、習慣接觸跨領域的學科，絕對事半功倍。」林榮信以此建議有興趣踏入藥物設計領域的學子。

❝❝ 延伸閱讀

林榮信（2013）。〈挑戰神奇子彈──高效能計算與藥物設計〉，《科學月刊》。

飲食如何讓人生病？

在「乾」的實驗室裡找答案

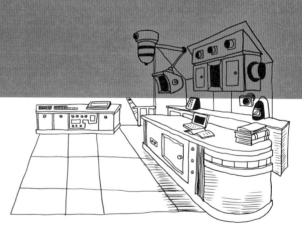

Lesson 11

進入 Dry Lab 的「營養流行病學」

　　什麼是Dry Lab（乾實驗室）？你對實驗室的印象，
停留在排滿著冒煙的玻璃瓶罐嗎？有別於需要各種化
學液體進行實驗的 Wet Lab（溼實驗室），Dry Lab 是
以電腦和精密電子儀器進行資料分析、運算與模擬。
中央研究院生物醫學科學研究所潘文涵特聘研究員，
以 Dry Lab 研究營養流行病學，經由資料分析，找出
大眾的健康問題與飲食對策。

國民營養健康調查，從飲食狀況找病因

　　潘文涵在美國康乃爾大學營養系所攻讀博士時，接觸到以資料分析為研究工具的營養流行病學領域，研究方法是先觀察人群如何組成，包含他們在什麼地方、什麼時間聚集，藉以分析其健康現象和營養狀況，繼而產生假說，並提出想探討的病因。

　　例如，若想探討營養缺乏（如 B 群）、營養過剩（如鐵質）等因素，是否和老化症候有關？研究者要進行的工作就是蒐集各個層面的資料，再透過電腦軟體分析數據，找出病因與改善疾病的飲食方法。

潘文涵團隊以 Dry Lab 探討
營養與疾病的關聯

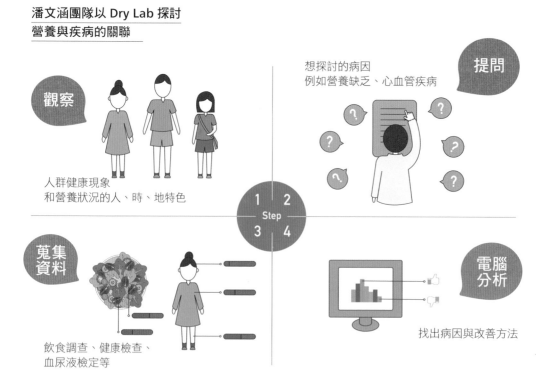

觀察

人群健康現象
和營養狀況的人、時、地特色

想探討的病因
例如營養缺乏、心血管疾病

提問

蒐集資料

飲食調查、健康檢查、
血尿液檢定等

電腦分析

找出病因與改善方法

Step 1 2 3 4

Dry Lab 研究力求問對問題，並且蒐集到最高品質的資料。一旦取得關鍵資料，立基於扎實的理論訓練，以及使用適切的統計或資料採礦模型與方法，就能有效率地獲得研究結果。

　　為了追蹤國人的飲食狀況，政府從 1980 年代起，每 5 年展開一次國民營養調查。到了 1992 年，潘文涵提出結合營養與健康數據的概念，「國民營養健康狀況變遷調查」至此成形。

　　潘文涵認為，蒐集資料的目的，不只是做成一篇單純反映數據的調查報告，而是應該充分運用這些寶貴的資料交叉分析，找出各種飲食問題與疾病之關係，政府才能有效擬訂健康政策。

　　例如，研究團隊透過調查發現：國人肥胖的代謝風險較西方人高；食鹽開放進口後，國人碘缺乏率增加；學童愛吃垃圾食品，蔬果、蛋白質及奶類攝取不足，會影響在校整體表現；國人鎂營養不良，以致增加糖尿病風險；老人蛋白質、蔬果攝食不夠，會引發衰弱症等等。

巡迴體檢車
研究團隊在週間進行飲食問卷調查，週末時體檢團隊在各地執行受訪者健康檢查。照片中的巡迴體檢車，能測量骨質密度與身體組成（含肌肉脂肪量）。
（圖片來源：潘文涵提供）

為了打造全民的健康飲食藍圖，國民營養健康狀況變遷調查的受訪者涵蓋兩個月以上的嬰兒至 90 多歲的長輩，並針對不同年齡層設計合適的健康檢查，以及生活型態、健康知識與態度等問卷，也詳細蒐集每個人的膳食資料。

66 24 小時飲食回顧法，讓資料精準個人化

1987 年之前的國民營養調查，採用「食物盤存法」來調查受訪者最近吃了什麼。先記錄家裡「已有的」及「新進入的」食物種類及重量，三天後再盤點剩餘的食物，扣掉廢棄的食物量，計算差值以得出全家人之攝食總量。但這種盤存法是以「家庭」為單位，無法精準了解「個人」吃了什麼，也就難以探究不同年齡層男女獨特的飲食病因。

1993 年起，潘文涵團隊接手調查後，改用「24 小時飲食回顧法」，設計適合華人飲食的散狀食物模型，調查時可以讓受訪

散式食物模型

潘文涵團隊設計的散式食物模型，有肉絲、蔬菜、玉米等十幾種食物模型，讓受訪者回顧自己吃了什麼，自行取量組成一盤菜餚。研究人員可直接秤量，使用對換公式，求得食物真實重量。

國民營養健康狀況變遷

國民營養健康狀況變遷資料庫中，清楚記載每道菜餚的烹調方式、油度、鹹度、成分重量等，以利後續資料分析（此為測試帳號示意畫面）。（圖片來源：國民營養健康狀況變遷調查團隊）

 個人基本資料

序號	編號	飲食	飲水	大葉片	肉末	橘子	長	寬	高
2	Z10000101	7		94.4	36.6	8	11	10.5	0.9
3	Z10000101	2	457.4	110.2	36.7	7	10	9	0.8
6	Z10000101	7		132.6	49.6	8	11.5	11	1.2
7	Z10000101	7		100.2	41.2	8	10.5	10.5	0.9

2 菜餚基本資料

	烹飪時間		菜餚名稱	烹調方式		油度		鹹度		製備地點
1	2016-02-08	10:00	巧克力酥片（義美）	23	未經處理	M	一般口味	M	一般口味	19 買的成品
8	2016-02-08	17:30	蜂蜜蛋糕	23	未經處理	M	一般口味	M	一般口味	19 買的成品
9	2016-02-08	19:00	火腿蛋炒飯	01	炒	H	重口味	M	一般口味	01 家中
11	2016-02-08	19:00	竹筍排骨湯	06	水煮	L	淡口味	L	淡口味	01 家中
13	2016-02-08	20:00	紅地球葡萄	22	生食	0	無	0	無	01 家中

3 菜餚組成食物

	菜餚	食物名稱	模型碼	參數1	參數2	參數3	份數
1	巧克力酥片（義美）	巧克力酥片（義美）	GA	35			1
8	蜂蜜蛋糕	蜂蜜蛋糕	S2A	60	1.2		1
9	火腿蛋炒飯	香腸	XX				
9	火腿蛋炒飯	雞蛋	XX				
9	火腿蛋炒飯	白米飯；白飯	XX				
9	火腿蛋炒飯	蔥；青蔥	XX				
9	火腿蛋炒飯	總體積	01A	144.6			1
9	火腿蛋炒飯	調味料未知	XX				
11	竹筍排骨湯	豬小排	GD	300			1
11	竹筍排骨湯	麻竹筍	02B	144.2			1
11	竹筍排骨湯	美味鹽（臺鹽）	13B	4.5			1
11	竹筍排骨湯	水	WB	1571.4			1
11	竹筍排骨湯	烹大師（鰹魚風味）	13B	1.6	1.2		1
13	紅地球葡萄	美國加州紅地球葡萄	BB	2.5			9.5

者拼湊成盤，藉以蒐集到個人化的資料。

24 小時飲食回顧法有一套「菜餚食譜詢問標準流程」，為了仔細記錄每個受訪者的飲食狀況，不同菜餚會有不同的詢問方式。

例如，當個案說昨天晚上在家裡吃了紅蘿蔔炒肉絲，調查人員要問他吃了多少量、有哪些食材、有什麼挑食不吃……？若不吃紅蘿蔔的話，只要標注起來，系統便會自動只保留肉絲、蔥、鹽等項目，並調整各項食物量。僅把食物輸入資料庫還不夠，尚需將各種食物的營養素含量交叉相乘、再累加，才能得出每人每天各種營養素的攝取量。

藉由這些方式，潘文涵團隊建立了鉅細靡遺的飲食和菜餚資料庫。

❝❝ 「不允許模糊化」
—— Dry Lab 的資料蒐集原則

不將資料模糊化，是研究團隊蒐集膳食資料的原則。意思是指，如果受訪者喝牛奶，就必須記錄包含牛奶品牌等細節。

「光泉的牛奶必定跟味全的牛奶不一樣。雖然牛奶的營養素大同小異，區分與否對估計每一種營養素不見得重要，但探討食品安全議題時，這種鉅細靡遺的資料就可以派上用場。」潘文涵強調。

營養調查資料包含廠牌、食物狀態、菜餚形式等，這些資料可以視需要而重新分類運算。

國民營養健康狀況變遷調查蒐集到的膳食資料，整合於國家衛生研究院建立的「國家攝食資料庫」（衛生福利部食品藥物

國家攝食資料庫如何幫助毒物學家調查食安：以防腐劑為例

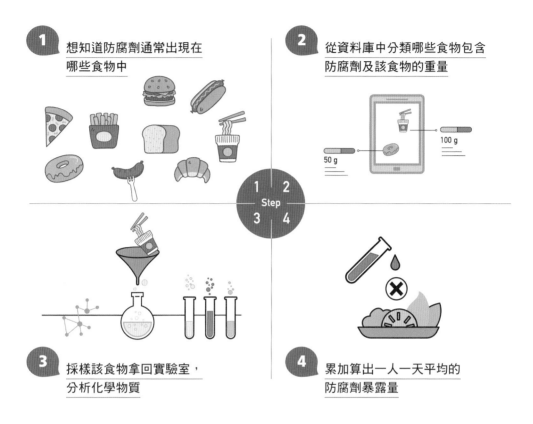

1 想知道防腐劑通常出現在哪些食物中

2 從資料庫中分類哪些食物包含防腐劑及該食物的重量

50 g   100 g

Step
1 2
3 4

3 採樣該食物拿回實驗室，分析化學物質

4 累加算出一人一天平均的防腐劑暴露量

管理署計畫），提供台灣各年齡的男女性每人平均一天各種食物的攝食量。這個資料庫已成為毒物學家進行總膳食研究（Total Diet Study, TDS）的重要參考。

　　例如，若想知道台灣人暴露在瘦肉精的風險值，就能透過這個資料庫查詢國人平均每天吃下多少公克的各式肉類，進而搭配瘦肉精含量數據，評估暴露風險。

〞 實證研究搭配示範研究，
好處人體感受得到

近年隨著科技與人工智慧等技術的進步，資料運算分析更快速，讓營養流行病學研究有更多發展機會，其中「實證研究」和「示範研究」的成果，可以直接轉譯到人身上。

「實證研究」的目的在證實營養改變和健康變化的直接關係。例如潘文涵團隊曾提供含鉀低鈉鹽給板橋榮民之家烹飪、食用，證實可降低心血管疾病死亡率（注 1）。近期研究則提供中風患者出院時將「加鎂加鉀」低鈉鹽帶回家煮菜，證實能顯著提升腦神經功能的恢復（注 2）。

而「示範研究」就是應用實證研究的結果，將好的飲食推廣到社區，驗證其推廣效益，最終透過「社會行銷」手法，促成整個社會的飲食文化改善運動。

潘文涵團隊透過歷年研究發現，無論是高血壓、糖尿病、高血脂症、憂鬱症（注 3）、專注力下降（注 4）、衰弱症、氣喘症等，都與飲食息息相關，因此從日常生活進行飲食調整，即可回復身體狀態、減少藥物依賴。

「You are what you eat！」這個想法也許不曾進入你的腦海，但從現在起，吃下每一口食物時，都請想想入口之物進入體內後，對健康將產生的影響。定心定意於健康飲食，未來身體會謝謝你。

血壓飆高、心情憂鬱、
注意力不集中……
你吃對食物了嗎？

—潘文涵談飲食健康

> **由飲食舒緩健康問題，
> 從營養流行病學研究談起**

　　看醫生前，你可以先想想飲食是否營養足夠，因為飲食可能
更基礎、關鍵地影響著我們的健康。中研院生物醫學科學研究所
的潘文涵特聘研究員，帶領團隊以「資料採礦」方式，探討飲食

與疾病的關聯。透過這篇專訪，讓我們一起了解自己的飲食健康盲點。

 Q 從實證研究來看，改變飲食真的可以改善健康嗎？

我在美國西北大學社區健康與預防醫學系擔任博士後研究員時，注意到全球一個長期受矚目的飲食問題：食鹽吃太多，大家的鈉攝取量過高。許多短期研究顯示，減鈉可略降血壓，但是並沒有一個長期的「實證醫學」研究，顯現其對心臟血管疾病風險的改善。主要原因是飲食口味難以改變，換言之如何讓好幾千人吃好幾年低鈉飲食是一大挑戰，因此全球始終缺乏這類長期研究。

鈉、鉀都是維繫生命重要的電解質，然而其比例非常關鍵：鈉攝取過多（有害健康），對應的問題是鉀攝取不足（充足、適量才對人體有益）。在中研院生醫所工作的初期，我想到可以用鉀鹽部分代替鈉鹽，好處是不但減少鈉攝取，同時能補充人體缺乏的鉀；而且鉀鹽也是鹹的，不會犧牲掉「鹹味」。

因此我們和臺鹽合作，將合適比例的含鉀低鈉鹽，提供當時板橋榮民之家的廚房，代替一般日常烹飪調味的精鹽。為了研究「鈉減少和鉀增加」的飲食健康效應，我們串連了健保資料，發現吃含鉀低鈉鹽的長輩，心臟血管疾病死亡率較吃一般精鹽的低，同時健保花費也較少。

這項為期 3 年、超過千名板橋榮民之家的長輩參與，是全世界至今唯一正式發表、探究減低鈉／鉀比值的長期實證醫學研究，已成為生活型態療法，減鈉增鉀建議的重要參考。

高血壓民眾看醫生時，醫生多半會直接開藥治療，但如

低鈉鉀比值飲食療法

潘文涵設計的低鈉鉀比值飲食療法，成為臺鹽推出低鈉
鹽的配方參考，透過飲食降低高血壓及腦中風的風險。

果能多提醒病人採用「得舒飲食」（dietary approach to stop hypertension, DASH）來降血壓，更能從根本解決問題。我們曾和董氏基金會、嘉南藥理大學教授合作，推廣降血壓的得舒飲食。得舒飲食每天需要食用 10 份蔬果，蛋白質攝取偏向白肉（魚和雞）、豆腐和低脂奶類，也強調核果和五穀飯的重要性。關鍵在於多攝取蔬菜、水果、奶類、核果這些植物性食物，因為蔬果與深海魚具有抗發炎的作用，而「少紅肉」能減少飽和脂肪的攝取，降低血中膽固醇。

Q 憂鬱症、專注力不集中，和飲食也有關係？

我們研究飲食和各種流行病的關聯時發現，許多疾病都是起因於不當的飲食型態，這是一個時代性的問題。

現代人常攝取美味的高熱量加工食品——主要是油炸食物和含糖飲料，營養素很少，剝奪了人們攝入健康食物的機會，再加上個人營養缺乏的差異性，便可能引發不同的疾病。

大部分的健康狀況都受到多種因素影響，不會是單一因子，不能指望只吃特定食物，就足以維持健康。例如，魚油不足的人容易產生憂鬱，這是過去大家就知道的。而我們研究（注3）還注意到，神經傳導物質的合成需要透過甲基化，而甲基化路徑要能順利運作，需要植物和動物性食物的維生素，包含維生素B2、B6、B12和葉酸等缺一不可。現代外食族若吃飯只求果腹與美味，隨便以陽春麵或炒飯應付，就容易導致這類健康問題。

無論老年人、年輕人或孕婦的憂鬱症，都可能來自營養的「邊界缺乏」，也就是各種營養素都缺一點點的組合效應。雖然人的代謝還是可以運作，但營養的邊界缺乏會影響神經傳導物質製造不足，進而造成憂鬱症。

補充維生素 B 群，從根源舒緩憂鬱狀況

人們心情憂鬱時常藉吃甜點得到短暫的滿足，但別忽略充足的蔬果與蛋白質食物（如肉類），能補充甲基路徑所需維生素 B 群，幫助合成神經傳導物質，從根源舒緩憂鬱狀況。

在另外一個研究中（注 4），我們也發現如果小朋友不喜歡奶類、不喜歡蔬果、愛喝甜飲、愛吃油炸食物，在校整體表現不良的風險特別高。因為這類飲食型態容易造成過敏、營養不良和貧血體質。小朋友會因為鼻子過敏、氣喘，造成供氧不足，營養不良讓頭腦裡神經傳導物質不夠，再加上貧血者血紅素過低，這些複雜機制的總合便使得孩子專注力下降，進而影響學習表現。

在過去研究中，我們試驗讓氣喘兒童多吃抗發炎的蔬果萃取物、深海魚油濃縮物及益生菌，試驗 4 個月後，發現能有效減緩氣喘發作和降低用藥比例。這就可以證實，從飲食介入調整健康，對於兒童長期發展具有多重的效益。

 想要練出人魚線、蜜大腿，應該怎麼吃？

運動的人為了長肌肉，需要補充足夠的蛋白質，但大部分年輕人的蛋白質攝取量已足夠，應該調整的是吃飯的時間。剛運動完時，肌肉最渴望能量，若能在運動前後補充蛋白質和能量，即有利於肌肉生成。

每個人的年齡、身高、體重與活動程度都不同，該吃的食物量也不同，若想知道適合自己的飲食計畫，可以直接到「中研營養資訊網」查詢。

 曾擔心過孩子的哪一類飲食問題？

有一天，我兒子在便利商店買了一瓶杏仁奶，包裝標示著「健康飲品」，我順手檢視它的成分。第一個成分是糖，第二個

成分寫著「杏仁粉（麵粉＋杏仁精）」，還有一些化學成分。這一瓶杏仁奶裡完全沒有真正的杏仁！你只喝了點糖、吃了點麵粉、吞了點化學合成的杏仁精。當這類食品常是家人吃的東西時，我們怎能不憂心？孩子不只沒有攝取到能幫助身體組成的營養素，飲品價錢也不便宜，這種飲料也能宣稱是健康飲品嗎？

現在的含糖飲料大多使用「高果糖糖漿」製作，高果糖糖漿是讓澱粉經歷糊化，異構酶作用後變成果糖，成本低廉，比蔗糖還甜；只是除了高熱量，沒有什麼營養素。很多糕餅零食，即是白麵粉（低營養素食材）、果糖（低營養素食材）與飽和油脂（促動脈硬化物質）的組合。這三樣低成本原料，經過發酵、烘焙後產生褐化效應，讓食物變得很香、很誘人，但不利於健康。大家吃加工食品之前最好先檢視成分，才會知道自己到底吃進了什麼。

小市民很難跟飲食大環境抗衡，一般人買到什麼就吃什麼。但社會中仍然有一些人自發性地努力改變飲食環境，像是主婦聯盟、在地小農、以原食材製作麵包的烘焙業者。當更多人在自己生活的環境裡發聲，才可能發揮創意、帶動風潮，進而影響社會。我在國家衛生研究院論壇發行的《全面建構健康體位環境與文化指導原則》一書中便呼籲發起全民運動，一同建構健康飲食環境。

如果有一天，生活中都是健康的食物，那大家不必刻意找尋、篩選，也能吃得健康。我們需要一起建構這樣的健康飲食環境！

Q 延伸閱讀

〈我的飲食計劃〉。取自中研營養資訊網：https://www.ibms.sinica.edu.
tw/health/plan.html

注 1　Chang, H. Y., Hu, Y. W., Yue, C. S. J., Wen, Y. W., Yeh, W. T., Hsu, L.
S., Tsai, S. Y., & Pan, W. H. (2006). Effect of potassium-enriched salt
on cardiovascular mortality and medical expenses of elderly men.
The American Journal of Clinical Nutrition, 83(6), 1289–1296.

注 2　Pan, W. H., Lai, Y. H., Yeh, W. T., Chen, J. R., Jeng, J. S., Bai, C. H.,
Lin, R. T., Lee, T. H., Chang, K. C., Lin, H. J., Hsiao, C. F., Chern, C.
M., Lien, L. M., Liu, C. H., Chen, W. H., & Chang, A. (2017). Intake
of potassium- and magnesium-enriched salt improves functional
outcome after stroke: a randomized, multicenter, double-blind
controlled trial. *The American Journal of Clinical Nutrition, 106(5),
1267–1273.*

注 3　Pan, W. H., Chang, Y. P., Yeh, W. T., Guei, Y. S., Lin, B. F., Wei, I.
L., Yang, F. L., Liaw, Y. P., Chen, K. J., & Chen, W. J. (2012). Co-
occurrence of Anemia, Marginal Vitamin B6, and Folate Status
and Depressive Symptoms in Older Adults. *Journal of Geriatric
Psychiatry and Neurology, 25(3), 170–178.*

注 4　Fu, M. L., Cheng, L., Tu, S. H., & Pan, W. H. (2007). Association
between Unhealthful Eating Patterns and Unfavorable Overall
School Performance in Children. *Journal of the American Dietetic
Association, 107(11), 1935–1943.*

研之有物

大腦神經
退化的原因
是什麼？

神經科學的研究與突破

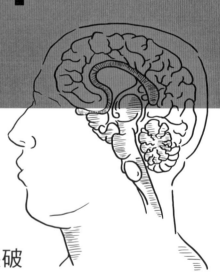

Lesson 12

從基礎研究，了解神經退化原因

　　失智症是個難解的神經退化疾病，國內外科學家皆投入大量研究，希望找出病理機制以研發新藥。但人腦的神經網絡複雜程度，超出目前理解範圍，在用藥之前，需要對神經網絡有更清楚的認識。中央研究院生物醫學科學研究所的陳儀莊特聘研究員，帶領團隊與跨領域專家合作，除了研究神經細胞與神經膠細胞之間的影響，亦盼能以亨丁頓舞蹈症為模型，發展可沿用於其他神經退化疾病的治療藥物。

6 6 神經退化疾病至今仍無藥可醫

2016 年年底，美國一間著名大藥廠宣布其研發 27 年的失智症藥物，在臨床研究上效果不佳。消息一出，無論是科學家、病人或投資者都一片沮喪，全美生技股票甚至大跌了 8 ～ 10%。2021 年 6 月，另一家美國藥廠發展多年的失智新藥終於獲得美國 FDA 有條件通過，但是否有足夠療效，仍產生許多爭議。在這個低迷的氣氛中，曾獲得諾貝爾生理學或醫學獎的生物學家巴爾的摩博士（Dr. David Baltimore），站出來鼓勵大家：

> 其實我們對神經細胞還不夠了解，如果夠了解，很多問題我們會事先想到。我們應該更努力發展新的科技，並加強分享資訊和數據，才能成功。

失智症治療在台灣也頗受關注，尤其近年高齡社會問題更為嚴重，報紙社會版不乏因家人無力長期照顧失智長輩而發生的悲傷故事。早在十幾年前，政府便開始推動失智藥物發展，例如 NRPB 生技醫藥國家型科技計畫。2012 年立法院的臨時議案中，數十位立法委員聯合簽名，要求政府會同中研院研發改善失智的抗體與藥物。

但羅馬不是一天造成的，若只急著研究藥物的藥效，而忽略全面了解，就很容易出差錯。例如當科學家發現一種新藥可以修復退化神經細胞的功能，若在尚未確定副作用時就立刻進行開發，便會增加臨床實驗的失敗機率。因此，藥物研發需更謹慎與深入。

此外，人腦神經網絡的複雜程度遠遠超出目前的理解範圍，

這也是為什麼至今仍無藥物可快速根治神經退化疾病。國內外科學家尚在努力，從基礎研究了解人腦的神經網絡，中研院也投入大量心力，其中一個方向是以研究神經細胞為主體，探討神經細胞和其他腦細胞（包括神經膠細胞）之間的影響。

❝❝ 記憶維持，仰賴神經網絡

　　陳儀莊特別從基礎原理來解釋，說明科學家如何發展神經退化疾病模型，進而尋求開發藥物的可能性。

　　人腦的神經網絡中，以負責網絡連結的「神經細胞」最為

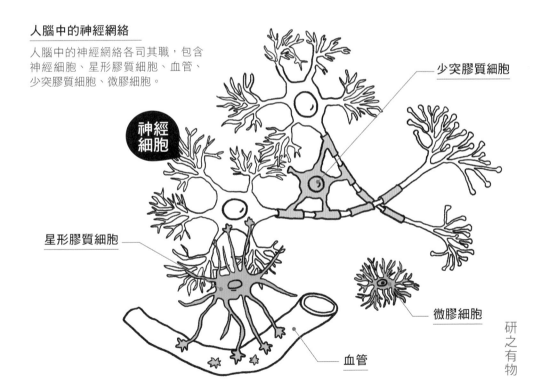

人腦中的神經網絡

人腦中的神經網絡各司其職，包含神經細胞、星形膠質細胞、血管、少突膠質細胞、微膠細胞。

少突膠質細胞

神經細胞

星形膠質細胞

微膠細胞

血管

重要。神經細胞活動時會有很多電位經過，電位傳導得越快，神經網絡傳遞功能的效果越好。但在傳導電位的過程中，如何避免「短路」，就需要靠「少突膠質細胞」將神經細胞包起來保護。而大腦中占了 85% 的「星形膠質細胞」也非常重要，就像支持整個國家發展的基礎工作人員，這群細胞扮演非常關鍵的支持角色。

「星形膠質細胞」一腳連接神經細胞、另一腳連接血管，幫助神經細胞接收養分，並協助清理代謝廢物。個子很小的「微膠細胞」數量很少，僅占全部腦細胞的 5%。它們彷彿大腦中的警察，一旦發現壞東西就會將之吞噬；而看到發炎狀況時，則釋放出細胞激素（cytokine），殺死入侵的細菌以抗發炎。目前已知幾乎所有的神經退化疾症，都和微膠細胞失控有關。但微膠細

葡萄糖轉成能量

血液中的葡萄糖，經過星形膠質細胞變成乳酸，再進入神經細胞轉成能量。

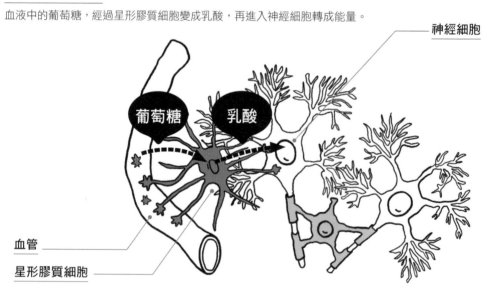

神經細胞

葡萄糖　乳酸

血管

星形膠質細胞

胞是個雙面刃：如果它分泌太多細胞激素，也會傷害神經細胞，這種情況在大腦老化時很容易發生。

　　對於神經細胞而言，順利獲取能量極為重要。血液中的葡萄糖，會先經過星形膠質細胞變成乳酸，乳酸再進入神經細胞轉成能量。這個乳酸釋放、吸收與轉換能量的過程，有時候效果會變差，對長期記憶的形成及維繫造成不利影響。

　　克莉絲蒂娜・阿爾貝里尼（Cristina M. Alberini）博士的實驗室曾證實，將大量乳酸打入老鼠負責記憶的海馬迴組織中，會讓老鼠的記憶力變好；這是因為神經細胞獲得很充足的能量、得以順利運作（注1）。這讓我們了解：記憶的形成和維持皆須依賴神經網絡順利運作；過去的記憶也許並不是消失，而是無法順利傳導。人變得健忘，可能是神經網絡的傳導效率變差了，因此若能透過增加神經細胞能量，來促進神經網絡的傳導效能，也許可以改善失智。

神經退化原因：壞蛋白質堆積致禍

　　便祕是因為廢物阻塞在腸道，引發極不舒服的感覺。對人腦中的神經細胞而言，若無法順利代謝壞蛋白質，則會導致其堆積成斑塊——就如便祕一般——阻礙神經傳導功能，狀況惡化時甚至會造成神經退化疾病，例如失智症、亨丁頓舞蹈症、漸凍人等等。

　　但神經細胞如何倒垃圾呢？這就要靠「腦脊髓液」幫忙。星形膠質細胞的腳會包住血管和神經細胞，在血管和星形膠質細胞中間形成一個極小的空間，足以讓大腦中的腦脊髓液通過，把存在於神經細胞的壞蛋白質——例如造成失智症的類澱粉蛋白

腦脊髓液

腦脊髓液流過神經網絡，幫助神經細胞代謝不好的蛋白質，例如造成失智症的類澱粉蛋白（A-β）。

神經細胞

腦脊髓液流過，幫助代謝不好的物質

動脈

靜脈

星形膠質細胞

（Amyloid β, Aβ）——帶出腦部排除，以防堆積成斑塊。當腦脊髓液流通得越順暢，代謝效果越好。

　　如果家裡的灰塵越積越多，形成一座土丘，你的正常生活空間和機能就會逐步壓縮、甚至喪失。這就是蛋白質斑塊對神經細胞帶來的威脅。多種神經退化疾病的神經細胞，都有蛋白質不正常堆積的情形，包含亨丁頓舞蹈症（下圖A）、阿茲海默症（下圖B）、帕金森氏症，以及漸凍人。年輕的時候，神經細胞會把壞蛋白質分解或排出，小小的微膠細胞也會跑來試著吞噬壞蛋白

神經細胞蛋白質不正常堆積

不同神經退化疾病中，神經細胞都有蛋白質不正常堆積的情形。
（資料來源：Christopher A Ross & Michelle A Poirier, Nature Medicine 10, S10-S17〔2004〕）

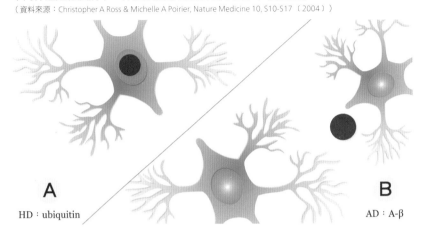

A
HD：ubiquitin

B
AD：A-β

質；如果排清和吞噬的能力好，累積在腦中的壞蛋白質就越少。但壞蛋白質終究會漸漸積累，累積得越來越多，便在神經細胞周圍（或細胞中）堆成一大坨斑塊，導致神經細胞死亡、神經網絡傳導功能降低，這就是神經退化疾病產生的原因之一。

66 為了神經細胞好，你有理由多睡覺

內德加（Maiken Nedergaard）博士的研究室，以老鼠做了一個實驗（注2），在腦膜打進去不同分子大小的染料，觀察染料如何隨著腦脊髓液在腦中流動擴散。紅色的染料分子比較大，綠色的染料分子比較小。他們發現腦脊髓液流動擴散的效果，和「年齡」及「睡眠」息息相關。

如上圖所示，年輕的老鼠（上方腦切片）腦脊髓液流通效

老鼠腦脊髓液的流通擴散效果

年輕的老鼠（上方腦切片）與年老的老鼠（下方腦切片），年老的老鼠腦脊髓液流通擴散的效果差很多。（中央研究院生醫所美工室提供，資料來源：Xie et al., Science 2013, 342:373-377.）

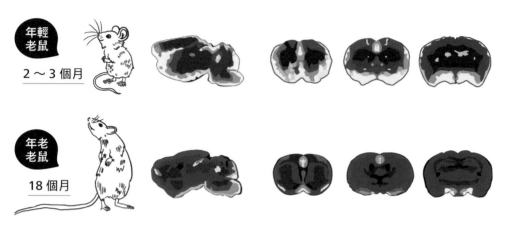

■ 小分子染料　　■ 大分子染料　　□ 紅、綠色同時存在混合成黃色

果很好，小分子的紅色染料和大分子的綠色染料遍布腦中混成黃色，大小分子在腦中跑得差不多快。但年老的老鼠（下方腦切片）就不是這樣了，只有小分子的紅色染料透過腦脊髓液傳輸得比較快，大分子的綠色染料還是停在從腦膜打入的位置，沒什麼移動。

　　無論是老鼠或人類，年紀增長之後腦中的代謝功能都會變差，進而出現神經退化，這是個殘酷的事實。先別感嘆年華已老，我們可以從現在開始好好睡覺，而且要睡飽。因為內德加博士的實驗發現，睡覺時神經膠細胞會變小，讓腦脊髓液流通的空隙變大、流速變快，是清理神經網絡中壞蛋白質的最佳時機。為了讓神經細胞順利清理廢物，每個人都需要有充足的睡眠。

" " 以亨丁頓舞蹈症為模型，
發展神經退化疾病藥物

　　了解神經網絡之後，下個目標是藉由神經退化疾病的動物模型，了解哪些機制會影響發病，藉以找出用藥的機會。

　　失智症是老年最常見的神經退化疾病，但成因相當複雜，目前亦無完善的動物模型。而亨丁頓舞蹈症只有一個基因突變就造成疾病，現階段已經有相當好的動物模型供科學家探討。

　　陳儀莊與研究團隊從亨丁頓舞蹈症著手研究藥物發展，原因是亨丁頓舞蹈症和其他神經退化疾病有類似的病理機制，例如神經細胞都會有壞蛋白質堆積、沒辦法正常分解的狀況。若有藥物能促進壞蛋白的分解來治療亨丁頓舞蹈症，就可進一步探討，是否也能用於治療漸凍人或失智症等其他神經疾病。

　　只是在藥物成功開發前，很多人希望專家可以先指點什麼食物能讓病情好轉、什麼則會讓身體變得更糟？但陳儀莊提醒，神經網絡是一套相當複雜的系統，每種食物的功用也很複雜，並非只有單一的作用。大家可以從認識大腦的結構和功能開始，了解如何保護神經網絡正常運作。

　　另外，亨丁頓舞蹈症會透過基因代代遺傳，在醫療知識比較落後的地區，人們仍然相信此種病症源於家族受到妖魔附身或詛咒，這是因為了解不夠而產生的誤會。其實神經退化疾病並不會傷害他人，反而是病人因為無法好好走路、容易跌倒，或是忘了自己有沒有吃過飯，造成自身的危險。在藥物成功開發前，我們都能做到的，就是建立正確知識，照顧好自己的神經網絡，也盡量提供病友及家屬協助。

在神經細胞世界裡探險！
——專訪神經科學家陳儀莊

> ❝ ❝ **研究神經細胞，探索醫學新機會**

　　人們可以隨心所欲地感覺到身邊的一切，依靠的是「神經細胞」健康地運作。中研院生物醫學科學研究所的陳儀莊特聘研究員，懷抱著對生物細胞的好奇，努力探索神經退化疾病的醫療新可能。

Q 實驗室除了神經退化研究，還有哪些研究題目？

　　無論是神經網絡或是觀察生理各種反應，都是我們實驗室喜歡探索的領域。例如，有一種眼睛的細胞（Intrinsically photosensitive retinal ganglion cells，簡稱 ipRGCs），可以感覺到藍光。過去科學家研究發現，人們在白天接觸這種藍光會精神振奮，但如果晚上讓眼睛暴露在藍光下，例如電腦、平板螢幕，則會打亂人體神經系統的光週期，進而影響情緒和健康（注3）。我們覺得這個領域好有趣，正在以小鼠模型研究眼睛感受藍光和神經退化的關係。

　　還有一個有趣的例子。我們發現有一種酵素（type VI adenylyl cyclase，簡稱 AC6），表現在大腦負責形成記憶和控制交感神經的腦區，具有重要的功能。我們就拿小鼠作實驗，將 AC6 移除（注4）。結果發現拿掉 AC6 後，老鼠會變得非常緊張。因為交感神經系統發生問題，老鼠很容易緊張和便祕，因此這些老鼠常常在簡單的活動和訓練後，因腸道阻塞而死掉。但同時我們也發現，牠們的學習速度變得特別地快。這樣的小老鼠有點像個緊張兮兮的天才！

Q 神經退化研究中在老鼠體內實驗的結果，
對人類是否也有同樣效果？

　　很多人會懷疑，老鼠怎麼會跟人一樣？這是我們研究神經退化疾病的過程中，遇到最困難的挑戰，但已有許多科學方法可以確認。

　　以研究神經退化疾病中的亨丁頓舞蹈症為例，科學家會在

亨丁頓舞蹈症的小鼠

正常的小鼠被抓起來會四肢張開，試圖保持平衡，但帶有亨丁頓舞蹈症基因的小鼠，由於神經退化，被抓起來時四肢則呈現向內抱住的姿態。

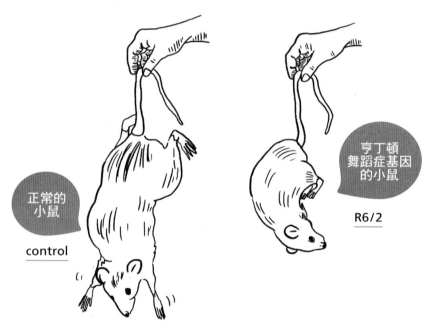

正常的
小鼠

control

亨丁頓
舞蹈症基因
的小鼠

R6/2

亨丁頓舞蹈症的病徵

患有亨丁頓舞蹈症的人類，與嵌入亨丁頓舞蹈症基因的小鼠相比，病徵有相同之處。
（資料來源：陳儀莊提供）

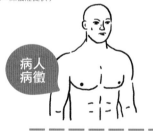

病人
病徵

疾病小鼠
病徵

壽命縮短
體重下降
腦萎縮（核磁共振）
腦中 HTT（突變蛋白堆積）
認知功能下降
動作控制失調

壽命縮短
體重下降
腦萎縮（核磁共振）
腦中 HTT（突變蛋白堆積）
認知功能下降
動作控制失調

小鼠體內嵌入亨丁頓舞蹈症病人的基因片段。正常的小鼠被抓起來會四肢張開，試圖保持平衡，但亨丁頓舞蹈症小鼠因為神經退化，活動沒有那麼靈敏，被抓起來時四肢是向內抱住的。科學家藉由創造一隻亨丁頓舞蹈症小鼠，來比對亨丁頓舞蹈症人類的病徵，證明利用小鼠觀察的病徵和人類疾病非常類似。

另外，我們也會申請捐贈的人腦切面，藉以確認在實驗小鼠中發現的神經退化反應，人腦中也確實會發生。2012 年諾貝爾生理學或醫學獎其中一位得主——山中伸彌教授，他發現了小鼠誘導多能幹細胞（induced pluripotent stem cell），是醫療發展上很重要的里程碑。未來除了小鼠模型，由人類幹細胞所演化的腦細胞，也是很適合探索人類疾病的實驗模型。

中研院幾個幹細胞研究室目前已經很成功地建立這樣的技術。譬如，科學家可以將 4 到 6 個基因放進血液細胞或皮膚細胞中，就能發展出「人類誘導性多功能幹細胞」，進而分化成為腦細胞、神經膠細胞等等。這對神經科學研究很重要，因為人體活的細胞不易取得，但透過人類誘導性多功能幹細胞所建立的模型，我們可以進行藥物篩選、確認是否有副作用，由此掌握實驗室裡的研究成果和人體之間的關係。

 小時候就想當科學家嗎？

我小時候沒想到過要當科學家，但高中時最喜歡瑪麗・居禮（Maria Skłodowska-Curie），覺得她很酷，還在書桌前貼了一張她的照片。居禮夫人發現很重要的放射性物質，做了很有趣的事情，而且一生都在做這件事。當時讀了她的傳記，對年輕的我影響很大。

我高中時數學和物理不好，但覺得生物非常有趣。因為生物探討自然現象，例如人為什麼會長大、為什麼會死掉、為什麼會生病？這些都讓我十分著迷。讀北一女時，我們要自己上山去捉渦蟲，抓到之後把牠切一半、觀察牠如何再生長出來。我們還要在課堂上，自己排青蛙的骨骼。我會喜歡生物和老師怎麼教很有關係，自己動手實驗，就會覺得生物特別有趣。

 後來為何朝「農業化學」和「細胞與分子生物」這條路邁進？

1980 年代剛開始出現的 DNA 研究，可以做到 DNA 複製（Cloning），讓我覺得很新鮮。當時台灣這方面研究不多，剛好臺大農化系有生物化學、酵素和營養相關的研究，例如學習用皮革做資源再生、做實驗觀察老鼠的換肉率，對青年學子很有吸引力。

那時候研究方向的選擇很多，老師會提示一個很有趣的觀念，讓你自己嘗試。我們半夜去屠宰場，請老闆割下牛的腎上腺，回來把它培養成初級細胞（Primary Cell Culture），接著讓初級細胞長在小小的磁珠上，養在很小的管子裡，讓液體通過、觀察它分泌出一些神經傳導激素。當時覺得在這樣類似組織的立體結構中做實驗，似乎比平面的細胞培養皿更有趣，所以後來就一直往分子醫學的方向發展。

 人體細胞那麼多種，為什麼選擇探索「神經細胞」？

我的博士論文是研究神經內分泌，從那時就開始關注神經

科學，但也跟整個大環境有關係。台灣漸漸邁入超高齡社會，神經退化疾病是近 10 年來備受關注的健康問題，政府也開始重視相關研究，願意提供資源讓我們跟跨領域專家合作，成立研究團隊。

為什麼會需要跨領域團隊？因為當我們透過研究找出最關鍵的神經內分泌機制時，還不能立刻發展成藥物，需要在神經內分泌的機制中找到可以成為藥物的分子，由生化學家及分子模型學家將分子結構解出來，才能設計適合的藥物，接著請化學家依此分子結構來合成化合物。

藥物合成後，還要放入小動物和大動物的體內，透過實驗觀察這種藥物能否進入腦中作用及代謝效果，再依實驗結果修改藥物成分。這整個過程，需要不同專業的團隊成員共同努力。

 「生物醫學」領域的學生，
未來發展有哪些新的可能？

我剛回國的時候，很希望能到中研院工作，因為可以專心從事基礎研究。但在基礎研究之外，年輕世代的職涯選擇比當年更多。近年已經有些不錯的產業在台灣深耕，願意投注資源來進行研發，也需要受過博士訓練的人才幫忙選題（尋找適合產業應用的生物科技成果）、研發、建立良好的產品品質管制流程，如此才能做出真正可以應用的生物科技產品。

這些對生物醫學領域的學生是新的機會，也是挑戰。大家在求學過程中，不僅應該在專業下功夫，也要多讀、多聽其他領域的研究發展，才有能力進行跨領域對話，發揮想像力和實踐力來拓展新領域。未來充滿了不可限量的可能，加油！

研之有物

66 延伸閱讀

〈敵我難料——神經退化疾病中的星形膠質細胞｜陳儀莊特聘研究
　　員〉（2016）。中央研究院「知識饗宴」科普演講，中央研究院
　　YouTube 頻道。

注 1　Gao et al. (2016). *PNAS, 113(30): 8526–8531*; Suzuki et al. (2011).
　　　Cell, 144(5): 810–823.

注 2　Xie et al. (2013). *Science, 342(6156): 373–377*; Kress et al. (2014).
　　　Annals of Neurology, 76(6): 845–861.

注 3　Schmidt, T. M., Chen, S. K., & Hattar, S. (2011). Intrinsically
　　　photosensitive retinal ganglion cells: many subtypes, diverse
　　　functions. *Trends in Neurosciences, 34(11), 572–580.*

注 4　Chien, C. L., Lin, M. S., Lai, H. L., Wu, Y. S., Chang, C. P., Chen, H. M.,
　　　Chang, C., Su, C. K., & Chern, Y. (2013). Lack of type VI adenylyl
　　　cyclase (AC6) leads to abnormal sympathetic tone in neonatal
　　　mice. *Experimental Neurology, 248, 10–15.*

當體內的
油電混合車
「電池壞了」！

從運動神經元退化機制，
尋找治療漸凍症的契機

Lesson 13

運動神經元研究

●　●　●　●　●　●　●　●

　　還記得曾經風靡一時的「冰桶挑戰」嗎？名人淋下冰水，呼籲大眾關心漸凍人的議題。漸凍症為運動神經元疾病，這類罕見疾病患者與家屬的身心都備受折磨，中央研究院分子生物研究所的陳俊安副研究員與團隊，從發育生物學的角度，努力尋找「會退化」和「不會退化」的運動神經元在基因表現上的差異，希望未來有助於漸凍症的精準醫療。

運動神經元退化與漸凍症

　　先來進行眼力考驗。下圖為野生型小鼠胚胎，以及類 ALS（漸凍症）模式小鼠胚胎，看得出它們的「運動神經元」（中間長長、尾端伸出許多樹突的那一條），有哪裡不同嗎？

　　左圖的野生型小鼠，運動神經元軸突健康粗壯，可以牢牢抓住肌肉細胞，並控制四肢做出大腦命令的或反射性的動作。但右圖的類 ALS 模式小鼠，運動神經下端的樹突變少了，無法牢牢抓住肌肉細胞，以致四肢也跟著萎縮、不聽使喚。

　　這個「運動神經元退化」的情況會發生在小鼠身上，也會發生在人類身上。「漸凍症」就是運動神經元退化導致的疾病，從四肢無力開始，漸漸演變至全身肌肉萎縮、肢體癱瘓，最後造成呼吸衰竭。

　　在運動神經元疾病的分類中，「脊髓性肌肉萎縮症」（Spinal Muscular Atrophy，簡稱 SMA）屬於遺傳性疾病，好發於嬰孩

兩種小鼠胚胎的運動神經元比較

（圖片來源：Crucial Cluster: MicroRNAs Keep Motor Neurons）

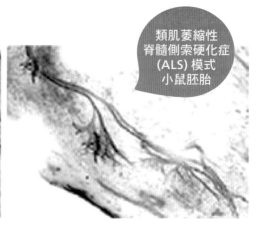

類肌萎縮性脊髓側索硬化症 (ALS) 模式小鼠胚胎

野生小鼠胚胎

運動神經元疾病

運動神經元疾病（motorneuron diseases）俗稱「漸凍症」，圖為其特性與症狀發展。
（資料來源：中華民國運動神經元疾病病友協會／漸凍人協會）

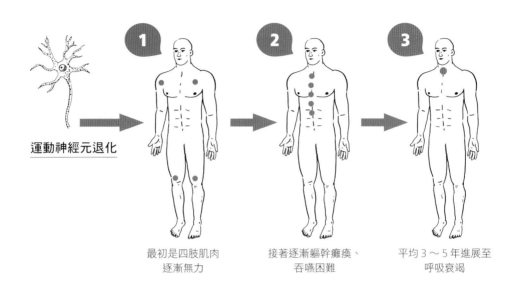

運動神經元退化

1 最初是四肢肌肉逐漸無力

2 接著逐漸軀幹癱瘓、吞嚥困難

3 平均 3～5 年進展至呼吸衰竭

時期，致病機轉是因為父母同時帶了一套有缺陷的 SMN1 基因，當 SMN1 基因有缺陷時會讓運動神經元死亡。一般來說，嬰兒在 6 個月大的時候能自立坐起來，但有些父母發現小朋友沒辦法獨自坐起，檢查後才知道孩子罹患了脊髓性肌肉萎縮症。

而其他運動神經元疾病，包含「肌萎縮性脊髓側索硬化症」（ALS）等，雖然也導因於運動神經元退化死亡，但尚有九成病人仍不清楚發病的原因。為什麼運動神經元會退化？為什麼是從四肢開始？又為什麼有些肌肉不受影響？科學家尚在尋求解答。

66 找出運動神經元退化的關鍵

在電影《愛的萬物論》（*The Theory of Everything*）中，主角霍金博士從四肢開始退化：初期徵狀是拿不穩茶杯，漸變惡化至雙腿肌肉無力而跌倒。由於泌尿生殖系統較不受運動神經元退化影響，霍金博士能和妻子生下孩子，讓他對朋友笑說這是「另一個全自動的系統」。晚年的霍金博士，控制眼球的肌肉仍能正常運作，讓他可以用眼球操控鍵盤說話和書寫。

中研院分子生物所的陳俊安團隊專精於發育生物學（Developmental biology），他閱讀運動神經元疾病的文獻並和醫師討論，發現脊髓運動神經元在發育時都是從同樣的前驅細

小鼠胚胎的幹細胞

小鼠胚胎幹細胞（ES cell）在培養皿中，會根據外在訊號的濃度高低、生長因子的引導，演繹出不同的運動神經元前驅細胞，並進一步分化成不同的亞型（subtype）。（資料來源：陳俊安提供）

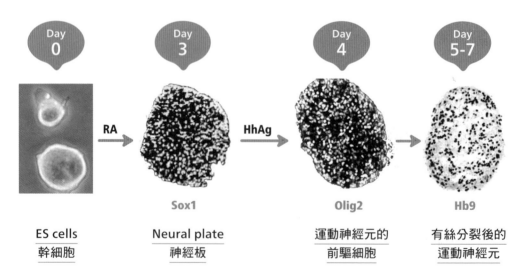

Day 0	Day 3	Day 4	Day 5-7
	Sox1	Olig2	Hb9
ES cells 幹細胞	Neural plate 神經板	運動神經元的 前驅細胞	有絲分裂後的 運動神經元

胞分化而來，但「四肢」的運動神經元會先發病，而控制眼球和泌尿生殖系統的運動神經元仍能正常運作。

「不同的運動神經元亞型（subtype），是否會有不同基因表現的差異，導致發病的程度不等？」陳俊安團隊從這裡開始思考，並將小鼠胚胎幹細胞（ES cell）分化成不同的運動神經元亞型，再將各種亞型進行次世代定序，檢查基因表現有何差異。

若已經把生物課本的內容都還給老師了，沒關係，本文將從你我體內的 DNA、RNA、蛋白質追本溯源，其中藏著可能影響運動神經元退化的開關：mir-17~92 和 PTEN。

細胞內 DNA、RNA、蛋白質的機制

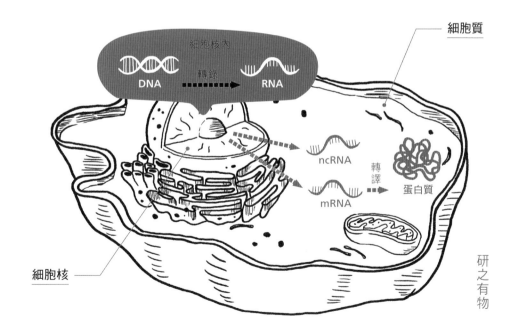

" mir-17~92：
阻止控制四肢的運動神經細胞凋零

生物體內的細胞核中，DNA 就像影印機中的正本，會複印出帶有相同基因訊息的 RNA。RNA 有兩種：一種是負責轉譯製造蛋白質的 mRNA（messenger RNA），就像要把基因訊息傳給蛋白質的傳訊官；另一種是 ncRNA（non-coding RNA），不負責轉譯製造蛋白質，而是直接以 RNA 的身分來執行任務。

有一些 ncRNA 會待在細胞核裡，類似後勤單位補給前線作戰資源。另外有一些 ncRNA ——像是 microRNA ——會直接出核，如同親赴前線的軍官。

直接到前線出任務的 ncRNA 要做些什麼？其中一項是幫忙「踩剎車」——控制 mRNA 製造蛋白質的速度和數量。負責這項任務是一種小分子的 ncRNA，亦即 microRNA，藉由辨認基因序列相對應的標靶 mRNA，並與之結合，進而抑制標靶 mRNA 製造蛋白質。

在各種運動神經元亞型中，陳俊安團隊透過次世代定序和生化分析，發現「四肢運動神經元」中，有一群叫做 mir-17~92

microRNA 就像煞車

mRNA 產生太多或太少蛋白質都不好，但又不能任意把產生的開關關掉。microRNA 就像煞車，讓 mRNA 適時停下來，是自然界找到的調控方式。

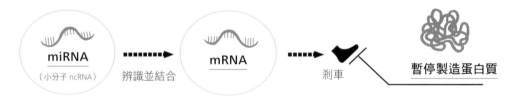

miRNA（小分子 ncRNA） ▶ 辨識並結合 ▶ 剎車 暫停製造蛋白質

野生型小鼠的 mir-17~92

野生型小鼠（左）由於有 mir-17~92 抑制 PTEN 蛋白質，維持運動神經細胞正常運作。但剔除 mir-17~92 的小鼠，PTEN 蛋白質變多，甚至進入運動神經細胞裡，造成細胞凋零。（資料來源：Mir-17~92 Governs Motor Neuron Subtype Survival by Mediating Nuclear PTEN.）

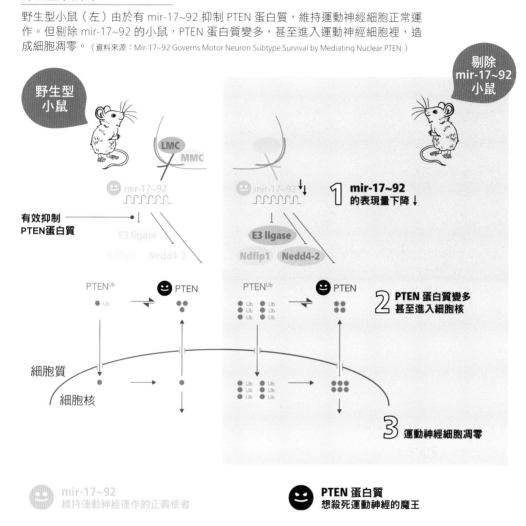

的 microRNA 表現量特別高，且會抑制一種叫做 PTEN 的蛋白質，影響調控其進入細胞核的相關酵素表現，並阻止 PTEN 進入運動神經元的細胞核中，造成運動神經元的細胞凋零。

研之有物

正常小鼠、ALS 模式小鼠與提高體內 mir-17~92 表現量的小鼠

正常小鼠、ALS（漸凍症的一種）模式小鼠、提高體內 mir-17~92 表現量的 ALS 模式小鼠，透過 X 光看見四肢正常／萎縮／復原的情況。（資料來源：陳俊安提供）

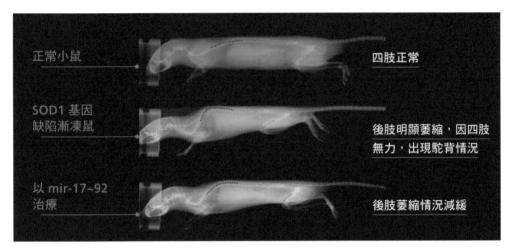

正常小鼠 —————— 四肢正常

SOD1 基因
缺陷漸凍鼠 —————— 後肢明顯萎縮，因四肢
無力，出現駝背情況

以 mir-17~92
治療 —————— 後肢萎縮情況減緩

　　陳俊安團隊透過基因剔除小鼠進一步發現，若運動神經元中 mir-17~92 被剔除，這隻小鼠的體型會縮小，變得四肢萎縮、不大能動。再經過切片檢查，可以看到小鼠體內控制手和腳的運動神經元幾乎都死掉了，但控制肋骨、頭部與臉部的運動神經元則都沒問題。仔細觀察這隻 mir-17~92 基因剔除小鼠，四肢無法活動的狀況，和漸凍人有點類似——同樣是四肢協調發生問題。

　　陳俊安團隊發現被剔除 mir-17~92 的小鼠和漸凍人的相似性，因此推論 mir-17~92 對於控制四肢運動神經元可能很重要，並思考能否作為治療漸凍症的契機。

　　為了驗證推論，研究團隊另外將 SOD1 基因缺陷漸凍鼠（漸凍症之一種模式小鼠）體內的 mir-17~92 表現量提高、作為治療的方式，發現其原本無力的四肢恢復得較為正常，且小鼠壽命也延長了 20 多天。「20 多天的壽命對 ALS 模式小鼠而言可能

不算太長，大約占整個生命的 1/6，但對漸凍人來說，延長 1/6 的壽命意味多了將近 10 年。」陳俊安說明。

" 用「油電混合車」來想像 mir-17~92 的作用

陳俊安將人體比喻為台灣地圖，運動神經元像是從台北（脊髓中樞）出發、貫穿台灣（人體）的高速公路，各部位肌肉則是各種運動神經元的終點站。臉部和舌頭比較近，約略是台北到桃園的距離；腿部肌肉最遠，好比從台北到墾丁。

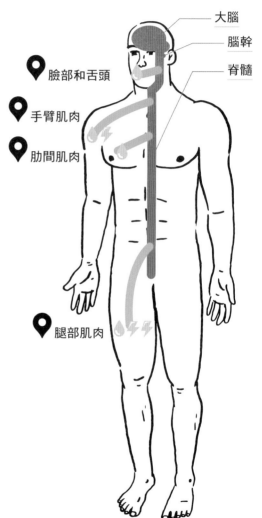

人體與運動神經

將人體比喻為台灣地圖，到達不同目的地的「運動神經」樹突長度相差很多，mir-17~92 在各種運動神經元內的表現量也不同。

（資料來源：陳俊安提供）

 運動神經元攜帶的能量

 mir-17~92 的表現量

⬤ 中樞神經

⬤ 運動神經

一開始從脊髓出發，各種運動神經元所帶的能量都相同，就像每台車都裝了容量相同的油箱，到了終點站肌肉會釋放另一種蛋白質給運動神經元，補充神經元的能量以避免其力竭而亡。但運動神經元軸突在前往肌肉的途中，靠的只有這桶油，若到不了肌肉終點站，運動神經元就會死掉。

以這桶油從台北跑到台中沒問題，到墾丁卻太勉強，因此可行的解方是換成「油電混合車」來提升續航力。mir-17~92 就像四肢運動神經元的「電池」，幫助抑制 PTEN 蛋白質的表現量，阻止 PTEN 讓運動神經元凋零，讓四肢運動神經元能順利延伸到遙遠的手臂和腿部，控制四肢肌肉正常運作。

油電混合車的效能優異，但最怕「電池」壞掉，而漸凍症發生的機制，可能是 mir-17~92 這群四肢運動神經元的「電池」不夠力，最終導致無法順利控制四肢肌肉。

運動神經元疾病（漸凍症）的致病原因，至今仍然不明朗，也缺乏治療藥物。陳俊安團隊將繼續透過漸凍症病人的 iPSC（誘導性多功能幹細胞）培養運動神經元，驗證目前的推論是否可行，並深入了解運動神經元發育與退化的分子機制。

為了持續前進，研究團隊下一步的計畫是期待能和台灣的醫院合作，以及借力基礎化學、生物化學、生物醫學等領域的專業團隊，一起討論努力的方向。陳俊安希望研究能為精準醫療提供更好的依據，了解不同運動神經元的亞型哪裡出了問題，調整該運動神經元的基因表現。

從實驗室到馬拉松賽場

——運動神經元研究職人陳俊安

> **❝ 發育生物學 & 運動神經元**

科學家如何孕育實驗靈感？不只限於實驗室，也能在馬拉松賽場，甚至是和小朋友的交流中！中研院分子生物研究所的陳俊安團隊，從發育生物學的角度出發，研究運動神經元發育和退化的過程，期望能協助發展漸凍症的精準醫療。

研
之
有
物

陳俊安實驗室網站引述獲得諾貝爾物理學獎的潘洛斯爵士這段話

與外太空相比，人類的大腦更加精巧複雜，激發陳俊安渴望了解人體本身的發育生理機制。

If you look at the entire physical cosmos, our brains are a tiny, tiny part of it.

如果你觀看整個物理宇宙，
我們的大腦只占了很小很小的一部分。

But they're the most perfectly organized part.

然而大腦是最完美的組織。

Compared to the complexity of a brain, a galaxy is just an inert lump.

與大腦的複雜度相比，太空星系也只是個惰性腫塊。

英國數學物理學家

Roger Penrose

 「發育生物學」關注的內容是什麼？

　　每一位研究發育生物學的人，都會覺得要生出一個健康的小孩很困難。為了發育一個胚胎，每個成長環節都須被精確地調控，自然界因而演化出一套模式，克服外在的干擾，讓胚胎維持在穩定的狀態，才得以成功發育。發育生物學就是在了解基因如何調控細胞的生長、分化以及產生形態，進而使生物體形成組織和器官。

 為什麼想研究「運動神經元」？

　　我在英國劍橋大學攻讀發育生物學博士時，運用「非洲爪蟾」這種模式動物，尋找胚胎裡有什麼重要的基因影響胚胎發育，例如胚胎的「中胚層」會分化成肌肉和心臟。

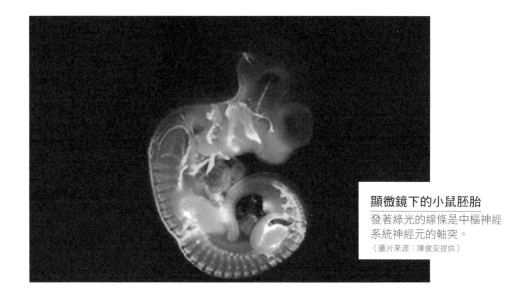

顯微鏡下的小鼠胚胎
發著綠光的線條是中樞神經
系統神經元的軸突。
（圖片來源：陳俊安提供）

　　在博士班的第一年，我篩選了兩千多個和中胚層有關的基因，一個一個觀察各基因在胚胎裡的表現，常常獨自做微注射到三更半夜。因為爪蟾胚胎在第一次分裂後注射基因去大量表現，要等 6 到 8 小時才會開始發育中胚層。有時我為了能回家跟太太共進晚餐，又不想耽誤實驗的進度，冬天時就會把胚胎帶回家放在室外，半夜一、兩點再起床將胚胎做甲醛固定。因為天氣寒冷，外面溫度跟冰箱一樣低，可以直接放在屋外一整夜。

　　我最後選擇深入研究一個還沒有被報導過的基因——這個基因只會在「運動神經元」表現出來，查了很多文獻後都沒有人研究。我覺得很有趣，就一頭栽下去研究運動神經元，直到現在。

　　我們每天站立、行走與運動，這些姿勢與動作都是由「運動神經元」調控。因此，我希望藉由研究運動神經元發育的過程，進而了解運動神經元疾病發生的原因。我們實驗室比較專注在受精卵發育成胚胎的過程，例如胚胎裡的運動神經元是如何建立，

但現在有一半人力主要研究運動神經元退化的疾病。越了解運動神經元如何發育，就越能知道它如何退化。

非洲爪蟾的胚胎與運動神經元

新穎基因在非洲爪蟾的胚胎上顯現得像一張笑臉（左），後續會控制運動神經元的發育（右）。（資料來源：Identification of novel genes affecting mesoderm formation and morphogenesis through an enhanced large scale functional screen in Xenopus）

運動神經元

笑臉

陳俊安團隊從小鼠胚胎幹細胞（ES cell）培養的運動神經細胞。在培養皿中沒有肌肉可抓，因此運動神經元的軸突向四處延伸。（圖片來源：陳俊安提供）

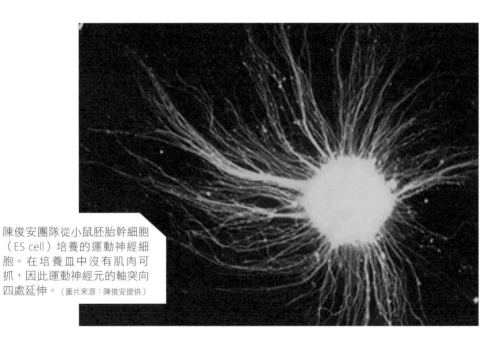

什麼契機讓你展開漸凍症等
運動神經元退化疾病的研究？

　　5 年前我從美國回台灣時，因緣際會認識當時的高雄醫學大學副校長——鐘育志醫師（現為高醫大校長），他也是台灣脊髓肌肉萎縮症病友協會的理事長。另外，我們現在的實驗室位置，是接續中研院分生所李鴻老師的實驗室空間，全世界第一隻脊髓肌肉萎縮症模式小鼠，就是在這裡建立。

　　李鴻老師過世後，台灣的相關研究就消失了。彷彿冥冥中有一種機緣，讓研究運動神經元的我來到中研院分生所。各種因緣際會下，我和鐘醫師開始討論如何延續這個領域的研究，展開合作模式，包括建立台灣第一個人類脊髓肌肉萎縮症的 iPSC（誘導性多功能幹細胞），並將它們分化成各式不同的運動神經元亞型，找出 SMA 為何只有運動神經元會退化的原因，再尋求可能的治療方式。

　　鐘醫師曾邀請我參加脊髓肌肉萎縮症病友大會，當時看到這麼多小朋友因為運動神經元病變而終生坐輪椅，讓我深感震撼，覺得要更努力找到運動神經元病因。在之後的研究過程中，我發現很多東西一開始都沒想到，這是基礎科學研究最有趣的地方，而且跟轉譯醫學之間沒有衝突，不管從哪邊開始，最後都是相通的。

 什麼機緣讓團隊一起參加馬拉松？
對研究是否有帶來幫助呢？

　　中研院分生所經常邀請國際學者來演講，和學生及研究人員

2016 年陳俊安團隊參加半程
馬拉松,開跑前充滿能量。
(圖片來源:陳俊安提供)

交流。有一次,一位國際學者和我們實驗室學生聊天,發現學生
們研究以外的生活有點無聊,幾乎只有看電影、讀小說等活動。
後來我們就利用實驗室的群體壓力,逼大家一起挑戰 21 公里半
程馬拉松。

實驗室多數人從來沒跑過馬拉松,但成績是一回事,至少
每個人都跑完全程。研究最辛苦的永遠是「最後一哩路」,如果
沒有堅持走完,等同前功盡棄。藉由這場馬拉松,大家一起堅持
到最後的感覺,真的很好。

 做實驗最大的樂趣是什麼?

我原本讀中正大學化學系,雖然學到很多化學知識,但直
到在臺大生物化學研究所讀碩士班時,才真正在顯微鏡下看到各
種化學分子對生命發育過程的調控。我永遠無法忘記,第一次在
顯微鏡下看到老鼠精子活動時的震撼。

我熱愛所有實驗的過程，不只是埋首於實驗室裡的研究，還包含各種生活中的實驗。大女兒出生時，看到眼前小小的嬰兒，讓我非常感動。在她出生第一個月，我也開始透過各種「實驗」來理解她，像是調控吃東西的時間，或是以 12 小時為單位開燈關燈、固定房間內白天黑夜的時間變化，看看哪種情況下她的表現最快樂。

　　我上班開車時也嘗試走不同路線，比較哪一條路最順暢；同一條路也會走許多次，統計平均值後再尋求最佳途徑。我深信唯有透過科學實驗的精神，才能找出解決問題的最好方式。我喜歡嘗試各種實驗、也不害怕失敗，希望從中找到最有趣的研究課題

 怎麼向大眾或孩子分享實驗的樂趣與精神？

　　2016 年中研院舉辦院區開放活動時，我們第一次嘗試帶領小朋友參觀實驗室，當時還設計了三個實驗讓小朋友操作。

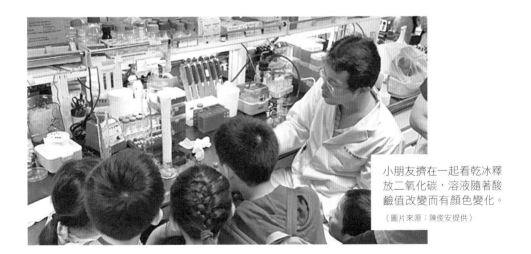

小朋友擠在一起看乾冰釋放二氧化碳，溶液隨著酸鹼值改變而有顏色變化。

（圖片來源：陳俊安提供）

第一個是讓小朋友在顯微鏡下觀察自己的頭髮，因為顯微鏡下看到的和肉眼所見十分不同。

第二個是將乾冰放在水裡冒泡，並加入會隨著不同酸鹼值變色的化學成分。當乾冰釋出二氧化碳，水裡的酸鹼值跟著改變，就能看到乾冰溶液從紅色變成粉紅色、再變成黃色，如果加入漂白水又會變成紫色。

第三個跟我們的研究比較相關，讓小朋友觀察「雞胚」。市面上一般販售的都是沒有受精的雞蛋，所以我們特別向家禽中心買受精後變成胚胎的蛋，小心剪開蛋殼，就可以看到小雞的胚胎，包含心臟的跳動。小朋友可以觀察發育 3 天、5 天、10 天等不同時期的胚胎：從一開始要用顯微鏡觀測，一路觀察到肉眼也看得到。

小朋友們瞪大眼睛，好奇地盯著陳俊安實驗室成員手中的小雞胚胎。
（圖片來源：陳俊安提供）

我們在學校念書的年代，大部分的時間都在準備考試，沒有多少機會做實驗，即使是科學相關的課文也只淪於強背硬記。但透過實驗眼見為憑，記都不用記，就可烙印在心底。當小朋友看過小雞胚胎，將來讀到生物體的發育時，腦海就會浮現印象。讓孩子及早接觸實驗，進而產生興趣，未來就有機會投入相關領域。

台灣的小朋友大多比較安靜，但跟著你實際操作，便會驚嘆連連，對實驗室都極有興趣，陪同的父母也玩得滿開心。我很希望將來有更多機會帶領孩子操作實驗，因為在顯微鏡之下，看見就是相信。

❝❝ 延伸閱讀

Chen, J. A., Voigt, J., Gilchrist, M., Papalopulu, N., & Amaya, E. (2005). Identification of novel genes affecting mesoderm formation and morphogenesis through an enhanced large scale functional screen in Xenopus. *Mechanisms of Development, 122(3), 307–331.*

Tung, Y. T., Lu, Y. L., Peng, K. C., Yen, Y. P., Chang, M., Li, J., Jung, H., Thams, S., Huang, Y. P., Hung, J. H., & Chen, J. A. (2015). Mir-17 ～ 92 Governs Motor Neuron Subtype Survival by Mediating Nuclear PTEN. *Cell Reports, 11(8), 1305–1318.*

Tung, Y. T., Peng, K. C., Chen, Y. C., Yen, Y. P., Chang, M., Thams, S., & Chen, J. A. (2019). Mir-17 ～ 92 Confers Motor Neuron Subtype Differential Resistance to ALS-Associated Degeneration. *Cell Stem Cell, 25(2), 193–209.e7.*

研之有物

另闢一條
對抗病毒的
蹊徑

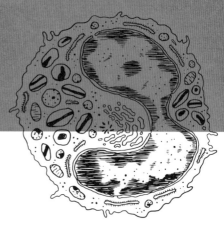

讓免疫力發揮正常效益的
創新研究

Lesson 14

減緩免疫系統風暴

· · · · · · · · ·

　　人體依賴免疫系統對抗病毒，但如果免疫反應過激，反而會造成器官損傷或衰竭，讓患者死亡。中央研究院基因體研究中心謝世良特聘研究員長期研究發現，登革病毒會刺激血小板產生胞外囊泡和微泡，進而攻擊白血球導致發炎病症。研究團隊據此研發抗體，減緩發炎反應，已成功將感染登革病毒的小鼠存活率提升至 90%，並於 2019 年 6 月刊登於《自然通訊》（*Nature Communications*）。面對新冠肺炎等新興傳染病，此種「減緩發炎」為主的創新療法，將有機會大幅降低患者死亡率。

" " **宛如雙面刃的免疫反應**

　　為了維護人體的穩定與和平,免疫系統一旦偵測到外來入侵物,便會立即啟動發炎反應,召喚免疫細胞圍剿入侵者。但一旦發炎反應過度,反而會對自身臟器造成嚴重傷害。以登革熱(dengue fever)為例,免疫過激可能造成「出血性登革熱」,嚴重時將引發休克;而新冠肺炎引致的肺纖維化,也是免疫過激的結果。有鑑於此,若想找出更有效的抗病毒治療策略,必須深入了解病毒與免疫系統的互動機制。

嗜中性白血球胞外捕捉 (NET)

嗜中性白血球細胞膜破裂,對病原體噴射大量絲狀染色體,高黏性的染色體會困住病原體。此時,嗜中性白血球會釋出體內的免疫蛋白質消滅病原體,並且隨之一同死亡。

(資料來源:NETosis:A Microbicidal Mechanism beyond Cell Death)

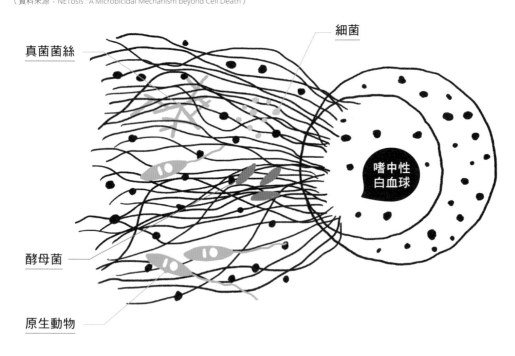

巨噬細胞吞噬病原體、釋放細胞激素

巨噬細胞也會吞噬大量的病原體，細胞內有酶可分解病原體，再將分解後的廢料排出，同時釋放細胞激素引起發炎反應。

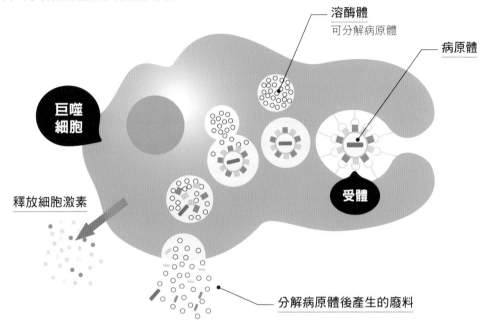

溶酶體
可分解病原體

病原體

巨噬
細胞

受體

釋放細胞激素

分解病原體後產生的廢料

　　本文主角──巨噬細胞（macrophage）與嗜中性白血球（neutrophil）──即為人體免疫系統對抗病毒入侵的兩種重要白血球。

　　嗜中性白血球，不僅會吞噬入侵者，如果敵人太多，甚至能以「自爆」釋放出網狀遺傳物質（deoxyribonucleic Acid, DNA）黏住細菌，再由附著在 DNA 的酶將其殺死、清除，這個過程稱作嗜中性白血球胞外捕捉（neutrophil extracellular traps, NETs）。

　　巨噬細胞，也會吞噬、分解大量的病原體與受感染細胞。當病原體與細胞表面的受體結合，才能進入巨噬細胞，而後病原

體則被分解成碎片排出。這些碎片會被當作抗原，活化其他種類的白血球。另外，巨噬細胞和受感染的細胞還會分泌細胞激素（cytokine）引起發炎反應，進一步對抗病毒。

細胞激素包括干擾素（interferon）、促發炎激素（proinflammatory cytokine）、趨化激素（chemokine）等。干擾素，由受傷的細胞產生，用以警告鄰近健康的細胞，趕緊製造可阻止病毒複製的蛋白質，抑制病毒數量。促發炎激素，會增加血管通透性，讓血液中的白血球可輕易通過血管壁趕往目的地。趨化激素，則吸引更多白血球，召來更多援軍。

問題來了！當受感染細胞或巨噬細胞分泌細胞激素，或是嗜中性白血球胞外捕捉，原先是為了擊退病原體，但由於發炎的副作用與白血球無差別攻擊，有時反而造成器官受損或衰竭，甚至導致患者死亡。

是否有一種治療方法，可以抑制過度發炎反應，但又不影響免疫系統消滅病原體？ 2003 年起，謝世良開始投入研究，試圖解答這項大哉問。

❝ 創新構想：
抑制發炎反應，但不影響免疫力

2003 年，嚴重急性呼吸道症候群（Severe Acute Respiratory Syndrome, SARS）疫情入侵台灣，其中重症患者出現的肺積水、呼吸困難等症狀，均非肇因於病毒本身，而是免疫過度反應的結果。

當肺部細胞受感染出現發炎反應，促發炎激素讓血管通透性增加、血漿滲入組織中，即會造成肺積水。再加上蜂擁而來的

白血球無差別攻擊受感染或健康肺泡，甚至分泌激素呼喚更多白血球前來，惡性循環之下，可能形成細胞激素風暴（cytokine storm），讓肺泡細胞受到嚴重損害，導致病人呼吸困難、險象環生。

然而，SARS 冠狀病毒（SARS-CoV）迄今仍沒有特效藥和疫苗，只能將重症患者安置在負壓隔離加護病房，施以「支持性療法」，期盼患者能在良好的照護下熬過自身的細胞激素風暴，等待自己的免疫系統清除病毒。

當時，醫學背景出身的謝世良，從深厚的臨床與研究經驗出發，提出一項創新的治療觀念：

設法研發一種藥物，可減緩細胞激素風暴，將發炎反應控制在不致命的程度，又不干擾免疫系統清除病毒，將有效降低感染者的死亡率。

「現有的類固醇消炎效果很好，但有抗藥性的問題，而且若要完全抑制發炎，也不能沒有細胞激素，因為我們還是需要依靠免疫細胞來對付病原體。」謝世良進一步分析，在細胞分泌的激素裡，促發炎激素跟趨化激素是造成細胞激素風暴的主因；但干擾素不會引起發炎，只抑制病毒複製。因此，研究團隊的具體任務是：如何在抑制促發炎激素及趨化激素的同時，又不至於影響干擾素分泌，藉以避免削弱患者的抵抗力。

❝ 登革出血熱，也源自細胞激素風暴

正當謝世良著手啟動研究時，台灣的 SARS 疫情宣告結束，

於是他將戰力火速轉移到同樣會讓免疫系統過度活化的登革病毒
（dengue virus）。

登革病毒

登革病毒，也會引起免疫系統的過度活化。（圖片來源：維基共享資源）

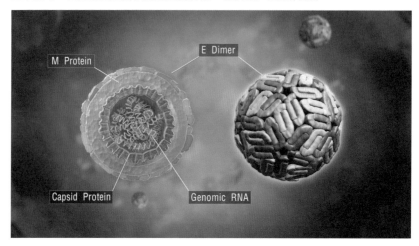

登革病毒分四種血清型別，患者感染過某一血清型的病毒，
雖然能對這型病毒終身免疫，對於其他型卻只有短暫免疫力。時
間一過，抗體甚至會結合成「病毒－抗體免疫複合體」（virus-
antibody immune complexes），讓病毒更容易結合巨噬細胞表
面的受體（receptor），進入細胞內部。

這種抗體反過來協助病毒入侵的現象，稱作「抗體依賴性
增強反應」（Antibody dependent enhancement, ADE），正是
登革熱疫苗研發困難的原因。若是無法同時刺激人體產生對抗四
型病毒的抗體，痊癒者體內的單一血清型登革病毒抗體，反倒會
接應其他血清型病毒進入巨噬細胞內增值擴散，其他巨噬細胞又

分泌更多細胞激素，循環之下引發的細胞激素風暴將導致高致死率的登革出血熱或休克症候群。

細胞激素風暴的關鍵受體：CLEC5A（2008）

面對棘手的免疫難題，該如何減緩登革病毒引起的細胞激素風暴？謝世良的第一步是：找出病毒是與巨噬細胞表面何種受體結合，才導致細胞激素風暴。在他著手研究後，注意到一種受體：C 型凝集素 5A（C-type lectin member 5A, CLEC5A）。

「CLEC5A 在生化實驗中已證明具有傳遞訊息的功能。因此我推測，CLEC5A 很可能跟後續細胞激素分泌有關。」謝世良解釋。

第二步，備製 CLEC5A 的拮抗性單株抗體（antagonistic anti-CLEC5A monoclonal antibody），打在小鼠身上，讓這些抗體搶先占據巨噬細胞的 CLEC5A 受體位置，阻斷登革病毒感染細胞的路徑。

實驗發現，沒有打入這種抗體的對照組小鼠，登革病毒果真引起細胞激素風暴，在發炎、血管通透性增加的情況下，出現嚴重的皮下、腸道出血症狀而死亡。實驗組的小鼠被注射抗體後，發炎反應則比較緩和，出血症狀明顯受到抑制。更重要的是，小鼠體內干擾素的分泌機制可正常運作，不受抗體影響。

謝世良團隊研發的 CLEC5A 拮抗性抗體，成功減緩小鼠登革出血熱症狀，又不影響干擾素分泌，將染病小鼠存活率一舉提高到五成，效果比其他免疫治療用的抗體顯著得多。2008 年，基於揭開 CLEC5A 為登革病毒引發細胞激素風暴的關鍵，以及成功

研之有物

登革病毒與 CLEC5A 拮抗性抗體

（資料來源：謝世良提供）

 對照組
未施打抗體

實驗組
施打抗體

登革病毒結合巨噬細胞表面的CLEC5A受器，促使巨噬細胞分泌大量促進發炎的細胞激素。大量細胞激素造成更多巨噬細胞聚集，形成「細胞激素風暴」，導致小鼠過度發炎、血管通透性暴增，血漿滲出血管外，出現登革出血熱症狀。

被施打 CLEC5A 拮抗性抗體（圖中粉紫色抗體）後，巨噬細胞上的 CLEC5A 受器被抗體占據，不會與登革病毒結合。巨噬細胞因此不會產生過量細胞素、引發細胞素風暴，但依然能持續產生干擾素消滅病毒。在抗體保護下，小鼠得以保持正常的血管通透性，避免登革出血熱症狀。

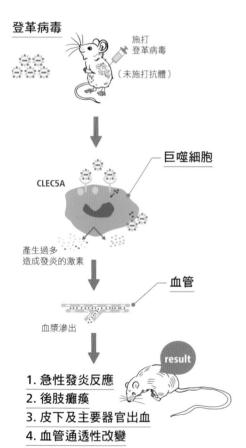

登革病毒

施打
登革病毒

（未施打抗體）

CLEC5A

巨噬細胞

產生過多
造成發炎的激素

血管

血漿滲出

result

1. 急性發炎反應
2. 後肢癱瘓
3. 皮下及主要器官出血
4. 血管通透性改變

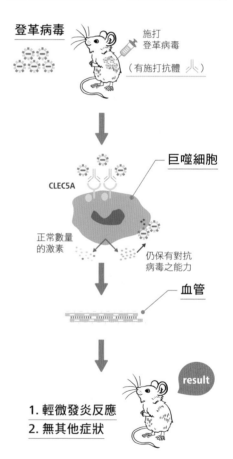

登革病毒

施打
登革病毒

（有施打抗體 ⅄）

CLEC5A

巨噬細胞

正常數量
的激素

仍保有對抗
病毒之能力

血管

result

1. 輕微發炎反應
2. 無其他症狀

製造出有效抗體等重大貢獻，這項研究成果登上科學期刊《自然》，並獲多國新聞媒體報導。

其後，謝世良又發現這個機制普遍存在於病毒引發人體的發炎反應中。面對日本腦炎、H1N1、H5N1 等流行性感冒病毒，CLEC5A 拮抗性單株抗體均能成功提升小鼠的存活率。2017 年，他將研究觸角擴及 CLEC5A 在對抗細菌時的角色，發現比起過去研究焦點「類鐸受體」（Toll-like receptor 2, TLR2），受體 CLEC5A 是更重要的防衛因子，發表的論文也登上了《自然通訊》期刊。

❝❝ 登革病毒侵略人體的關鍵細胞：血小板（2019）

雖然 2008 年的研究中，小鼠的登革出血熱已獲得緩和，但五成的存活率彷彿是魔咒，難以再突破，讓他強烈懷疑還有其他免疫細胞或受體參與其中。

歷經十餘年的研究，到了 2019 年，謝世良與陽明大學臨床醫學所博士生宋佩珊終於解開謎底：登革病毒進入人體後，會活化血小板表面的受體 C 型凝集素 2（C-type lectin member 2, CLEC2），促使血小板分泌胞外囊泡（extracellular vesicles）——直徑小於一、兩百奈米的胞外體（exosomes），以及較大、直徑數百到一千奈米的微泡（microvesicles）。其後，這些胞外囊泡分別會再跟巨噬細胞、嗜中性白血球表面的 CLEC5A 與 TLR2 結合。結合後才是災難的開始！巨噬細胞大量分泌細胞激素，引起細胞激素風暴；嗜中性白血球則出現胞外捕捉，釋放出酶跟顆粒，損害周圍細胞。

登革熱病毒活化血小板

（資料來源：謝世良提供、圖說原作：宋佩珊）

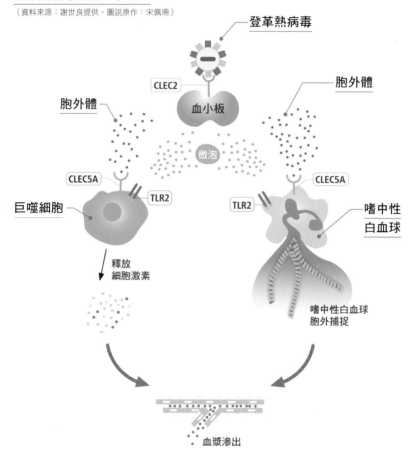

找到登革病毒活化血小板的機制後，接下來該如何阻斷呢？謝世良團隊利用 CLEC5A 基因剔除鼠施打抗 TLR2 抗體，同時阻斷體外囊泡與 CLEC5A 及 TLR2 受體結合，成功壓制登革病毒引起的免疫過激症狀，小鼠存活率也從 50% 奇蹟似地提升至 90%。本次研究不但揭發登革病毒完整的入侵途徑，並成功找出治療方法，研究成果於 2019 年再度登上《自然通訊》期

刊。第一作者宋珮珊博士生的研究論文獲得相當多的引用次數，2020 年《免疫學趨勢》（*Trends in Immunology*）並以專文推薦這項研究揭開「嗜中性白血球的胞外捕捉乃登革熱感染機制的關鍵」，在在顯示其突破性意義。

目前謝世良團隊正積極發展針對 CLEC5A 以及 TLR2 的雙特異性抗體（CLEC5A/TLR2 Bispecific antibody），可望於近期驗證阻斷 CLEC5A 及 TLR2 受體之效果。因為同時阻斷 CLEC5 與 TLR2 兩個受體，能夠有效壓抑病毒引起的過度免疫反應。

" 新冠病毒來襲，減緩發炎或可扭轉戰局

謝世良提到，實驗室計畫將 CLEC5A/TLR2 雙特異性抗體，擴及其他病毒感染引起之急性發炎，以及自體免疫疾病，例如紅斑性狼瘡或類風溼性關節炎。如今新冠肺炎（COVID-19）來襲，除了抗病毒藥物和疫苗，此種減緩發炎反應的治療可能是更及時的救命解方。

謝世良實驗室現階段已將過去十餘年所建立的研究平台——包括基因工程製造的巨噬細胞表面受體、細胞融合瘤技術生產的 CLEC5A 的拮抗性單株抗體，以及基因抑制小鼠等等——全力轉向 COVID-19 的研究。

謝世良指出，病毒基因瞬息萬變，可能很快產生抗藥性；但若找出共同的致病機制，情況就會不一樣了。雖然不同種類的病毒侵入細胞的途徑不盡相同，但觸發免疫細胞的訊息傳遞路程卻大致類似。因此，找出抗體以阻斷病毒與免疫細胞結合，雖然耗時耗力，卻有機會一勞永逸地解決不斷推陳出新的病毒。

對前線的醫護來說，當務之急或許是找到能抑制病毒的特效藥；但研究人員的功課，則是想辦法揭開致病原理，尋找一勞永逸的解方。

❝ 一場演講邀約，催生驚人研究成果

謝世良多年來的研究成果，源自於 18 年前的一場演講邀約。

當時，SARS 疫情延燒，時任衛生署疾病管制局長的蘇益仁，致電邀請謝世良為民眾解說病毒如何引起人體的細胞激素風暴。原本只是為演講做準備，謝世良找資料時意外發現當時科學界對細胞激素了解甚少，於是反倒讓自己從此一頭栽入這塊未知領域。「一通偶然的電話，一個『錯誤』的決定，促成今天的成果。」謝世良打趣地說。

但從新穎的構想一路走到擁有具體成果，箇中辛苦不足為外人道。謝世良表示：「只用一句話或半分鐘就能講完的概念，卻要花上好幾年的時間來研發。」像是基因工程製造巨噬細胞表面受體、細胞融合瘤技術生產 CLEC5A 的拮抗性單株抗體等技術，皆動輒耗時數年、耗費百萬才得以完成。

另外，實驗中不可或缺的 CLEC2 基因抑制小鼠，必須從英國進口胚胎，由研究員充當奶爸照顧幼鼠，長大後再讓小鼠交配，最後才能在實驗中使用。光是備妥足夠的小鼠，就要花上將近一年的時間。謝世良苦笑道：「英國不給成鼠、只賣胚胎，但胚胎必須低溫運送，第一批因為器材漏氣死亡；第二批在機場差點被海關打開檢查，險些因溫度上升導致胚胎受損，幸好有貴人相助，幫忙度過危機。」

「創新的想法，要透過嚴格的實驗來證實，雖然過程極具挑戰性，但反而不用擔心『一覺醒來，自己的研究題目已經被別人發表了』。」謝世良團隊研究過程的辛苦與喜樂，盡在這句話中。（圖片來源：謝世良提供）

　　因想法創新，實驗器材必須獨力想辦法，研究路也走得格外辛苦；但也因為走在最前端，才能有驚人發現。要當第一，去做從來沒有人嘗試過的事，這的確很累人。但流淚撒種、努力耕耘，最後才能歡呼收割。

　　延伸閱讀

Chen, S. T., Lin, Y. L., Huang, M. T., Wu, M. F., Cheng, S. C., Lei, H. Y., Lee, C. K., Chiou, T. W., Wong, C. H., & Hsieh, S. L. (2008). CLEC5A is critical for dengue-virus-induced lethal disease. *Nature, 453(7195)*, 672–676.

Sung, P. S., & Hsieh, S. L. (2019). CLEC2 and CLEC5A: Pathogenic Host Factors in Acute Viral Infections. *Frontiers in Immunology, 10.*

研之有物

Sung, P. S., Huang, T. F., & Hsieh, S. L. (2019). Extracellular vesicles from CLEC2-activated platelets enhance dengue virus-induced lethality via CLEC5A/TLR2. *Nature Communications, 10(1).*

Wu, M. F., Chen, S. T., Yang, A. H., Lin, W. W., Lin, Y. L., Chen, N. J., Tsai, I. S., Li, L., & Hsieh, S. L. (2013). CLEC5A is critical for dengue virus–induced inflammasome activation in human macrophages. *Blood, 121(1), 95–106.*

新冠肺炎疫苗研發的創新觀點

以奈米粒子模仿冠狀病毒，
製作更具保護力與安全性的
肺炎疫苗

Lesson 15

以奈米粒子製作疫苗

· · · · · · · · · ·

　　新冠肺炎（COVID-19）自 2019 年底爆發，截至 2021 年 11 月為止，全球已有 2.6 億人感染，超過 500 萬人死亡。各國的科學家皆傾力投入疫苗研發，期望能以此對抗全球性流行傳染病。中央研究院生物醫學科學研究所胡哲銘副研究員，2019 年曾針對另一種冠狀病毒引起的中東呼吸道症候群（MERS），以奈米粒子模仿冠狀病毒，製成「MERS 奈米疫苗」。他將過去經驗應用於當前危機，找出「新冠肺炎奈米疫苗」的候選疫苗。

66 　**天然的奈米粒子：病毒**

這段研發歷程的故事，要從 2015 年說起……

COVID-19、SARS、MERS，都是由冠狀病毒引發的疾病。2015 年南韓爆發 MERS 疫情，台灣政府也憂心忡忡。旅居美國多年的胡哲銘，正好回到台灣中研院，因緣際會下，他和臺大獸醫系及美國德州大學展開跨國合作，以奈米粒子模仿 MERS 冠狀病毒外型，共同研發 MERS 疫苗。

病毒和疫苗為何會和奈米粒子扯上關係？因為病毒，其實就是自然界最厲害的奈米粒子！

冠狀病毒結構

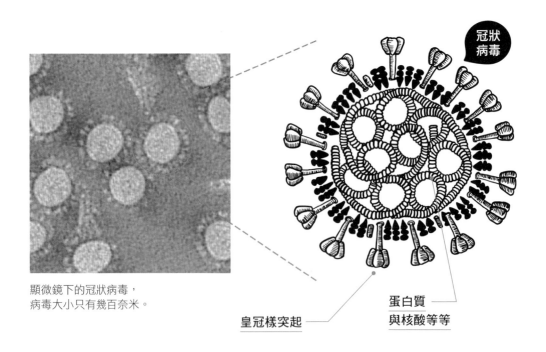

顯微鏡下的冠狀病毒，
病毒大小只有幾百奈米。

冠狀
病毒

皇冠樣突起

蛋白質
與核酸等等

以冠狀病毒為例，冠狀病毒體型非常微小，只有幾百奈米；外表為薄殼，具有特殊皇冠樣突起；內部中空，裝著密度很高的蛋白質與基因等。病毒藉由宛如超迷你戰艦的構造，將蛋白質、核酸送入人體並綁架細胞。

「人類的免疫系統經過漫長演化，已經非常發達，卻仍常常逃不過病毒的感染。」胡哲銘表示，「但從另一個角度來看，免疫系統被訓練了這麼久，對於病毒的構造其實很有反應，也很會辨識。」

因此，人類很早就學會把活病毒減毒，或是將死病毒碎片製成疫苗，用來刺激免疫系統產生抗體與細胞免疫，訓練免疫系統「記住」病毒。

❝❝ 傳統疫苗的局限

然而，傳統的疫苗有許多局限。

以減毒的活病毒製作疫苗，雖然破壞性較小，免疫系統的反應也良好，但畢竟病毒是活的，仍存在些許風險。

將死病毒的碎片製成疫苗雖然安全，但病毒已被大大破壞，只能刺激人體產生抗體免疫，殺手 T 細胞則不太能辨識出病毒。然而細胞免疫很重要，一旦受到感染，體內遭幾億隻病毒攻擊，即使依靠抗體能消滅 99% 敵軍，只要有一、兩隻病毒突變形成漏網之魚，抗體就沒辦法辨識，必須依靠殺手 T 細胞出馬。

而運用病毒的蛋白質抗原，混合一些刺激免疫因子（稱為佐劑）製成的疫苗，進入體內後，可能因為刺激免疫因子的分子太小，免疫系統尚未認出抗原，分子已經先在全身亂跑，因而引起發炎或發燒反應。

上述這幾種疫苗都有其缺陷。有鑑於此，胡哲銘提出新構想：

如果用奈米粒子「模仿」病毒的外型，並做成中空，裡頭裝入強效佐劑，就有機會成為沒有毒性和副作用，又比傳統疫苗更有效的奈米疫苗。

66 奈米疫苗：模仿病毒大作戰

理想很豐滿，現實卻很骨感。以往的奈米技術只能製作實心粒子，無法像病毒一樣中空。此外，光是要做出頭髮直徑的萬分之一、大約 100 奈米大小的實心粒子，其實已經非常困難了。

「我們當時絞盡腦汁，思考該如何做出一顆逼近病毒原樣的中空粒子？」最後胡哲銘想到一種技術：雙乳化法。

所謂的「雙乳化法」，簡單來說即是應用水、油互不相溶的特性，製作一顆顆中空奈米粒子，讓粒子內部充滿刺激免疫因子，並在表面薄殼黏上蛋白質抗原，模仿冠狀病毒的皇冠樣突起。

雙乳化法不是新技術，人們常常用它製作中空、可包裹東西的微小粒子，例如藥物、食品或化妝品等，但過去造出的粒子直徑大約有 10 微米，比病毒粒子大上百倍。請別輕看這縮小 100 倍的差距，它可會讓製作難度直線攀升。

試想，在正常的尺度下，將一點水倒入一杯油裡，用力搖一搖，就能產生許多在油中懸浮的小水珠。但水珠越小，表面張力越大，狀態越不穩定，很快就會聚集成為更大的水珠。「更別說這些 100 奈米的水珠，表面張力大到不可思議。弄不好就會

雙乳化法製作奈米疫苗

（資料來源：胡哲銘提供）

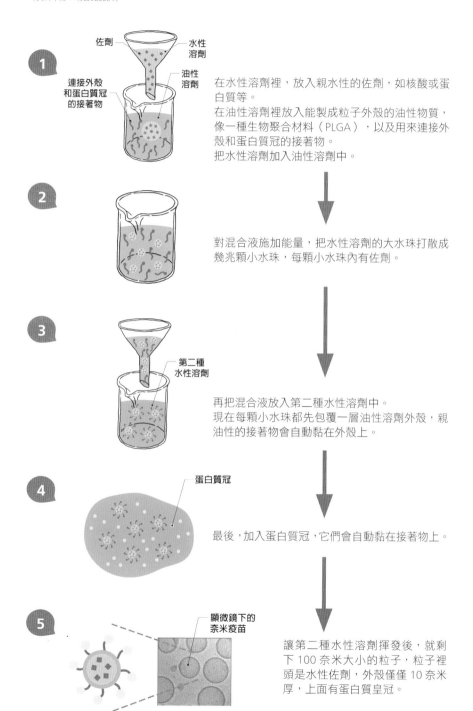

1 在水性溶劑裡，放入親水性的佐劑，如核酸或蛋白質等。
在油性溶劑裡放入能製成粒子外殼的油性物質，像一種生物聚合材料（PLGA），以及用來連接外殼和蛋白質冠的接著物。
把水性溶劑加入油性溶劑中。

2 對混合液施加能量，把水性溶劑的大水珠打散成幾兆顆小水珠，每顆小水珠內有佐劑。

3 再把混合液放入第二種水性溶劑中。
現在每顆小水珠都先包覆一層油性溶劑外殼，親油性的接著物會自動黏在外殼上。

4 最後，加入蛋白質冠，它們會自動黏在接著物上。

5 讓第二種水性溶劑揮發後，就剩下 100 奈米大小的粒子，粒子裡頭是水性佐劑，外殼僅僅 10 奈米厚，上面有蛋白質皇冠。

研之有物

讓水全部聚在一起，油也全部聚在一起，最後根本做不出任何東西。」胡哲銘解釋。

不論是施加的能量、溶劑濃度和分子大小等環節，胡哲銘都花費巨大的精力仔細調整與改良。歷經 3 年奮戰，研究團隊終於成功製造出足以模仿 MERS 病毒的「薄殼中空奈米粒子」，粒子內部裝入強效佐劑，並模仿冠狀病毒表面的皇冠樣突起，在粒子的表面覆上「蛋白質冠」，製成「MERS 奈米疫苗」。

「這種疫苗製作的難度非常高，操作熟練的人只要花半天就能做出成品，但剛來的人要訓練 4、5 個月才能上手。」他補充道。

66 MERS 疫苗成功誘導免疫系統攻擊病毒

胡哲銘將製作成功的 MERS 奈米疫苗注入小鼠，結果發現，小鼠體內可產生活性長達 300 天的抗體，也會強化殺手 T 細胞的辨識能力。當殺手 T 細胞將奈米疫苗視為病毒吞噬，會被裡面的刺激免疫因子刺激，認得這些「病毒」，下次再受到感染就能快速發動攻擊，有效殺滅病毒，達到 100% 的動物存活率。這項重要的研究成果於 2019 年刊登在《先進功能材料》（*Advanced Functional Materials*）期刊，並已申請多國專利。

運用相同的技術，胡哲銘和中研院內外各單位合作，研發流感、B 肝和癌症奈米疫苗（將藥物裝入奈米粒子裡，使其輸送到癌細胞所在處投藥）。面對來勢洶洶的新冠病毒，這些寶貴經驗皆有助於破解當前難題。

冠狀病毒奈米疫苗

冠狀病毒奈米疫苗，便是比照病毒，將抗原做成奈米大小，並模仿冠狀病毒表面的皇冠樣突起，在薄殼奈米粒子的表面，覆上「蛋白質冠」，進而讓搭載於粒子內部的奈米級強效佐劑，得以一起傳遞給免疫細胞。經過實驗，MERS 奈米疫苗可在小鼠體內產生抗體長達 300 天，也能強化殺手 T 細胞，達到 100% 的動物存活率。（資料來源：胡哲銘提供）

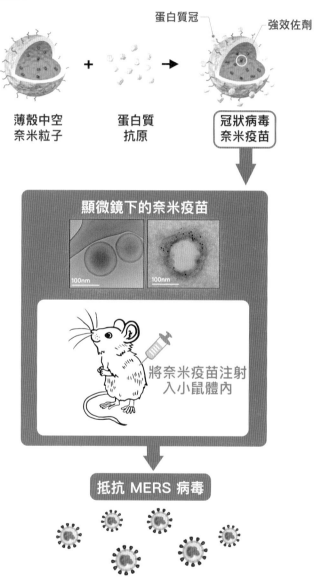

從 SARS、MERS 到新冠肺炎

新冠肺炎、SARS 和 MERS 源於不同的冠狀病毒，三者抗原不會完全一樣，疫苗當然必須按照新冠病毒的 RNA 序列重新設計，細胞檢測、小鼠實驗也要打掉重練。

但三者均是冠狀病毒，既然是「表親」，過去研發 MERS 或 SARS 疫苗時發生的現象，也可能出現在新冠疫苗上。例如過去在動物模式的測試中發現，如果使用的抗原不夠精準，產生的抗體可能無法中和病毒，甚至讓病毒更快速地感染細胞。胡哲銘研發的奈米疫苗，即在避免此種免疫不完全的情況。

其次，T 細胞在對抗病毒的過程中，往往一分為二，分為 TH1 型與 TH2 型細胞，如果疫苗傾向引發 TH2 型細胞產生抗體，當小鼠遇上病毒，即可能產生過敏反應。當前疫苗的研究，必須想辦法讓兩種 T 細胞的反應處於平衡狀態，減少副作用。

憑藉冠狀病毒疫苗研究的經驗，2020 年初，新冠肺炎疫情爆發時，胡哲銘便以中研院「跨部會疫苗合作平台」召集人的身分，積極投入疫苗研發工作，也在感染新冠病毒的小鼠模型中證明奈米疫苗的保護力，隨著疫情及國際情勢的演變，胡哲銘團隊也與國內外的研究機構積極製備搭載 SARS-CoV2 保守性高的 T 細胞抗原疫苗，藉由激活多價的 T 細胞以應對冠狀病毒詭變的特性，進而研發廣效的冠狀病毒疫苗。

所有疫苗研發皆是漫長艱辛的抗戰。由於流行病瞬息萬變，耗時的研發歷程往往趕不上疫情變化。如 2003 年爆發 SARS 疫情後，研究者花費許多時間研發，終於進入臨床二期試驗，但疫情在 2006 年結束，因為找不到病患測試，疫苗研發也無疾而終。

這類難題讓真正有資金、技術的國際大廠，對投入疫苗研發卻步。然而，胡哲銘強調：「最好的防疫策略仍是持續研發疫苗的工作，過去 SARS 和 MERS 疫苗研發工作雖暫時中斷，但也因為當時的寶貴經驗，才有助於後續新冠病毒疫苗的研發。」

胡哲銘看著自己發明的冠狀病毒奈米疫苗，小小的容器裡充滿了 10,000,000,000,000 個薄殼中空奈米粒子。

奈米粒子的科學路
——專訪胡哲銘

 為什麼會想到利用奈米粒子模仿冠狀病毒？

　　這是我之前在美國的研究延伸。我 13 歲到美國念書，大學讀生物工程，開始接觸生物醫學與奈米醫學。

　　許多人可能不了解奈米和醫學有什麼關係，事實上，在我

們身體裡就有各式各樣的奈米粒子，負責傳遞訊息或養分，像細胞與細胞之間是用約 100 奈米的粒子溝通；有些不溶於水的分子，如油脂、膽固醇等等，在身體裡也是奈米粒子。

奈米醫學就是運用「極微小的載體」，幫助藥物傳導或作為其他醫療用途。過去常用的材料有金、矽、玻璃或碳等，現在的主流是生物相容性材料，像質體、微質體或蛋白質、聚合物等。

我在博士後時，開始研究一個特別的生技平台：用細胞膜包覆奈米粒子，使它產生類似細胞的特性。像是在奈米粒子外面包覆紅血球細胞膜，如同讓它穿上迷彩服，這樣就不容易被免疫細胞發現與消滅，可以延長它待在動物體內的時間。還有將血小板的細胞膜包覆在奈米粒子上，再讓奈米粒子把藥物運到心臟損傷的部位。

 一開始如何想到以「仿生」的概念製作奈米粒子？

其實是因為……沒錢。

一般人的想像中，美國實驗室應該資金充裕、設備新穎，但當時我們的實驗室經費不多，只能用些便宜或老舊的機器。有一陣子，許多研究者會嘗試在奈米粒子外層，黏上類似抗體的特殊材料，我也去詢問這些特殊材料的價格，結果廠商報價三千美金——我們根本買不起！

經費不足、無法進行最新的研究，讓我只能被迫思考其他辦法。有天靈機一動，想到可以把動物細胞膜黏到奈米粒子上，我趕緊找隔壁的實驗室商量，請他們把犧牲的死老鼠留給我抽取血液細胞。

結果當隔壁實驗室聯繫我去拿老鼠的時候，牠們的血液已經凝固了，我只好再拜託對方下次早點通知。這樣曲曲折折，最後我總算取出老鼠血液細胞、取下細胞膜，黏在奈米粒子上，所耗用的材料費幾乎是零。

真是窮則變、變則通！
雖然經費不足，但這個困境也激發了創意。

但是當我拿這個生技平台去發表論文時，卻被人取笑：「怎麼會把細胞膜黏到奈米粒子上？真是笨點子！」

我沒有理會這些批評，還是繼續前進，最終發現這個平台的應用性很強，研究成果獲登《自然》期刊。總之，那時的研究經歷給了我嶄新的思維：製作奈米粒子時，其實不需要執著用什麼材質，而是想辦法讓它更接近人體內的奈米粒子。回到台灣後，我才會想到模仿病毒製作奈米疫苗。

除了研發過程耗費心力，還曾遇到印象深刻的事嗎？

很慶幸有很棒的研究環境。這次的點子能夠實現，其實要歸功於中研院先進的設備與儀器。

舉例來說，研究奈米粒子的重要器材之一是「冷凍電子顯微鏡」（Cryo-electron microscopy，簡稱冷凍電鏡），可用低溫觀察奈米粒子樣本並拍照。一般儀器只能看到粒子外觀，無法分辨粒子內是實心或空心，因此一定要使用冷凍電鏡。

我在美國讀博士和博士後時，7 年間不斷向學校請求使用冷凍電鏡，卻總是遭到拒絕。好不容易爭取到使用機會，不料負責

的人操作錯誤，拍出模糊的照片，竟仍向我收費一千美金。

　　但在中研院，冷凍電鏡設備及服務皆非常完善周全，在專業的技師協助下，每次都能拍攝出高畫質的奈米粒子照片，讓我們能清楚觀察到奈米粒子極細微的差異，反覆優化製程，才能順利研發成功。

 您從小在美國受教育，對台灣的科學教育有哪些看法？

　　台灣的學術硬體資源、環境以及人才，絕對是世界級，但在自我表達及溝通上仍有進步的空間。

　　台灣教育重視儒家思想、尊師重道，長輩習慣只講缺點、不談優點。雖然謙虛是美德，但久了學生常缺乏自信，面對師長不太敢表達自己的想法，以致科學討論的風氣不盛。

　　在美國時，我身邊的夥伴雖然來自不同國家、背景和語系，但在這種多元的環境下，反而沒有階級的包袱，我們會花許多時間溝通，一起把事情做好。反觀在台灣，雖然彼此講相同語言，也有相似的背景，卻很忌諱溝通。很多時候大家會怕講錯話、怕違逆師長，或怕自己的想法被批評，這些顧慮是學習與科學交流上最大的阻礙，也很難激發對科研的熱情。

　　所以我很鼓勵學生自我鍛鍊，不要怕表達、不怕問問題，多討論才能激發創意；同時也鼓勵老師們多給學生對話討論、培養自信的機會。

　　在科學裡，平等的對話與討論是必要的，每個人的意見、點子都值得受尊重。就算不完整，我也想聽你的想法，我們可以共同找出一個更好的答案！

研之有物

❝❞   延伸閱讀

Lin, L. C., Huang, C., Yao, B., Lin, J., Agrawal, A., Algaissi, A., Peng, B., Liu, Y., Huang, P., Juang, R., Chang, Y., Tseng, C., Chen, H., & Hu, C. J. (2019). Viromimetic STING Agonist Loaded Hollow Polymeric Nanoparticles for Safe and Effective Vaccination against Middle East Respiratory Syndrome Coronavirus. *Advanced Functional Materials, 29(28), 1807616.*

台灣如何面對全球大流行的 COVID-19 ？

陳建仁談台灣的防疫經驗

Lesson 16

以科學研究面對全球傳染病挑戰

瘟疫是人類文明的天敵，如果請讀者說出印象最深刻的傳染病，新冠肺炎（嚴重特殊傳染性肺炎，COVID-19）肯定不會缺席。延燒至今的 COVID-19，不僅影響了人們日常生活，也衝擊環環相扣的全球製造供應鏈。面對全球共同遭逢的世紀大疫，台灣如何因應這場危機？在新型冠狀病毒（SARS-CoV-2）大規模感染後，台灣又做了哪些努力才得以守住防線？中央研究院院士陳建仁透過流行病學專業視角，分享 COVID-19 公衛知識與台灣防疫經驗。

陳建仁院士手拿冠狀病毒摺紙，身後是藝術家謝省民為紀念 SARS 抗疫而創作的版畫〈健康平安〉。

❝❝ SARS 帶來的啟示

如同中研院廖俊智院長所説：「如何應付下一個大流行傳染病（pandemic），已成為當前科學機構關切的重點。」在 COVID-19 出現前，台灣學者對冠狀病毒並不陌生，例如中研院院士賴明詔很早就對冠狀病毒有深入研究，因而被稱為「冠狀病毒之父」。但在病毒的基礎研究之外，台灣面對 COVID-19 大爆發，為何能迅速整備相對完善的防疫體系？這就要回溯到 2003 年的慘痛一仗——嚴重急性呼吸道症候群（SARS）侵襲台灣。當時對抗 SARS 的經驗，為日後 COVID-19 的防疫戰打下了重要基礎。

和 COVID-19 一樣，SARS 的病原體也是冠狀病毒。病人感染 SARS 之後，會出現明顯的發燒症狀，若沒有發燒就不具傳染

力，發燒成為疾病監控的重點指標。陳建仁提到，由於沒有很好的抗病毒藥物，也尚未研發出疫苗，所以當時的 SARS 防疫策略是全力阻斷病毒傳染途徑。

一開始疫情控制得很好，直到 2003 年 4 月和平醫院爆發院內感染後，情勢一發不可收拾。從和平醫院、仁濟醫院、臺大醫院急診室到高雄長庚醫院，疫情迅速擴散，情勢相當嚴峻。當時才發現，台灣還沒準備好面對 SARS，院內感染管控也不夠完善。

2003 年 5 月中，陳建仁與蘇益仁分別擔任衛生署署長與疾管局局長，政府開始著手強化醫院的院內感染管控，設立發燒篩檢站與發燒病房，規劃專用的發燒動線。直到 2003 年 6 月中，台灣出現最後一個病例，SARS 流行終於步入尾聲。此後，《傳染病防治法》經過多次修訂，一步步建立台灣的防疫體系，例如確立《中央流行疫情指揮中心實施辦法》，建構全國感染症醫療體系，也強化了邊境管制檢疫措施。

因為 SARS 疫情迅速降溫，雖然中研院翁啟惠團隊已研發出抗病毒藥物，但新藥還沒進入臨床試驗就宣告終止，SARS 疫苗也來不及發展。這段對抗冠狀病毒的防疫經驗即是：盡可能在第一時間阻斷病毒傳播路徑，包括邊境管控、病例即時通報，以及密切接觸者追蹤。

❝❝ 新興傳染病來襲，
掌握病原體與疾病自然史為關鍵

儘管曾有 SARS 累積的防疫經驗，當 COVID-19 這種新興傳染病，毫無預警地侵入人類社會，現有的公衛體系該如何提供預判和決策？

陳建仁表示，面對新興傳染病，首先要問：「病原體是什麼？」COVID-19 從 2019 年 12 月開始傳播，2020 年 1 月上旬確定病原體為 SARS-CoV-2。確認病原體之後，研究者就能開始解析病毒基因和分子結構，展開後續檢驗試劑、疫苗與藥物研發，進一步揭開傳染病的未知面紗。

第二則是了解臨床特徵：遭受感染後，潛伏期多久？臨床症狀為何？疾病自然史怎麼變化？所謂疾病自然史，指的是疾病自然演變的整個連續性過程，會隨著人、時、地有所不同。例如不是每位感染 COVID-19 的患者都會發燒，重症症狀也都不太一樣，沒有辦法如同 SARS 依據發燒的單一症狀來篩檢，大幅增加防疫難度。此外，還有許多無症狀和輕症感染者，陳建仁說：「It is even worse！」因為 2019 年底疫情爆發初期，關注焦點都集中在重症病人，但重症者多半已住院隔離，輕症病人與無症狀感染者反而成為潛伏流竄的社區傳播者。

面對輕症與無症狀感染的特徵，邊境管控如何定義出「14 天的隔離檢疫期」呢？陳建仁解釋，這同樣是依據疾病自然史來斷定。

從感染到出現症狀的時間為「潛伏期」，有些人潛伏期是 3 ～ 5 天，有些人延長到 7 天以上。分析大量 COVID-19 案例的疾病自然史後得知，潛伏期呈常態分布，中間數值大約是 5 ～ 7 天，極端值則為 14 天。由此，防疫政策定義出 14 天隔離期加上 7 天自主健康管理，期滿之後，病毒傳染力通常已大幅降低。不過，臨床上仍會出現離群值（Outlier），少數病人可能 22 天後才發病，因此勤洗手、戴口罩、保持社交距離，還是相當重要的防疫措施。

台灣防疫上半場：
阻斷病毒傳播的無名英雄

綜觀 COVID-19 防疫戰，陳建仁認為，台灣防疫迄今大概可以分成兩個階段。第一階段是 2019 年 12 月首度發現 COVID-19 至 2020 年 11 月疫苗問世，他稱為防疫「上半場」。

在上半場期間，最好的防疫方法為阻斷病毒傳播途徑，也就是繼承 SARS 經驗的各項防疫工作。台灣人歷經 SARS 陰影，對勤洗手、量體溫、戴口罩、保持社交距離與避免群聚活動等並不陌生，多數人也願意配合。

即時將病毒阻擋在國門之外，也是上半場的重點策略。2019 年 12 月 31 日，疾病管制署羅一鈞副署長在 PTT 論壇看到中國出現非典型肺炎病例聚集的訊息，旋即發函通知世界衛生組織（World Health Organization, WHO），台灣也在當天啟動邊境管制，展開武漢直飛班機的登機檢疫，並加強院內感染管控。這是我們在防疫上半場搶得先機的關鍵。

COVID-19 屬於第五類法定傳染病，警戒全面提升後，也隨即加強病例通報，所有疑似病例皆須通報疾管署，當病患確診後隔離治療，並展開接觸者疫調。陳建仁解釋，疫調目的即在於釐清感染源和散播途徑，並找出需要匡列隔離的人，這是重要的管控傳染的方法。透過調查旅遊史（Travel history，最近 14 天內國外旅遊史）、職業史（Occupation，職業類別）、接觸史（Contact history，近期接觸與出入場所）與群聚史（Clustering，最近 14 天與家人朋友群聚情況），由此可評估民眾是否屬於高風險族群。

為了改善過去 SARS 防疫口罩不足的缺點，政府組成口罩國

家隊增加口罩產能，共增設 92 條口罩產線。應用智慧科技進行精準的追蹤檢疫，包含設計入境檢疫與防疫追蹤系統、電子圍籬 App 等，在權衡最小侵害與隱私保障的原則下，讓防疫人員掌握居家隔離及居家檢疫者的健康狀況與行蹤。

2020 年 COVID-19 肆虐全球之際，台灣有很長一段時間僅有零星確診個案，餐廳維持營運、學校照常上課、球賽和演唱會持續舉辦，彷彿平行世界。陳建仁強調，防疫的成功除了歸功在第一線作戰的醫護與防疫人員，更重要的，2,300 萬台灣人都是

全國嚴重特殊傳染性肺炎病例趨勢圖

台灣在 2020 年維持很長一段時間本土零病例，但 2021 年 5 月爆發大規模的社區感染，面臨另一波防疫挑戰。（資料來源：疾管署傳染病統計資料查詢系統 https://nidss.cdc.gov.tw/nndss/disease?id=19CoV）

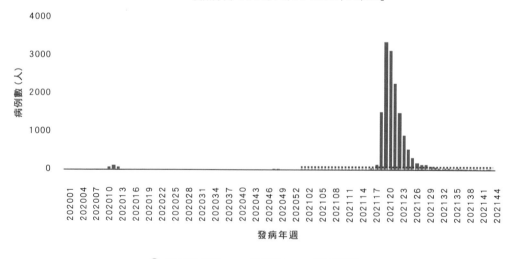

無名英雄，他們遵行防疫規範，遏阻病毒的擴散。

到 2021 年 6 月中，台灣居家檢疫與居家隔離的人數累計約有 70 萬，其中僅有不到 2,000 人因違反規定而受罰。這些民眾犧牲了 14 天的自由，讓其他人得以正常生活。若沒有大多數人配合防疫政策，疫情也無法控制得這麼好。

❝❝ 台灣防疫下半場：疫苗戰與變種病毒

第二階段是 2020 年 12 月 COVID-19 疫苗問世之後，陳建仁稱為防疫「下半場」。除了持續阻斷傳播鏈以外，普遍施打疫苗以提升群體免疫力至關重要。

陳建仁説，原本規劃目標是以 3,000 萬劑疫苗覆蓋 65% 以上人口（每人 2 劑），其中包括阿斯特捷利康（AstraZeneca）疫苗 1,000 萬劑、莫德納（Moderna）疫苗 500 萬劑、COVAX（COVID-19 Vaccines Global Access，嚴重特殊傳染性肺炎疫苗實施計畫）分配取得 500 萬劑，再加上國產疫苗 1,000 萬劑，來鼓勵國內疫苗廠研發製造。

不過，計畫趕不上變化，各國競相爭搶疫苗，資源分配也難以公平。國際疫苗交貨一再延宕，比預期慢得多；而國產疫苗使用棘蛋白次單元技術，研發時間也比 mRNA 疫苗和腺病毒載體疫苗更長。

然而，疫苗供應不足的期間，病毒突變的步伐並未停歇。陳建仁指出，當病毒在人群中傳染、複製與增生時，RNA 病毒會不斷突變，逐漸往「致死率低、傳染力強」的方向演化。

2021 年 5 月初，Alpha 變異株突破了台灣的邊境管制，造成大規模社區感染，較嚴重的有華航諾富特、新北獅子會、宜蘭

截至 2021 年 10 月 16 日，台灣疫苗完整接種率為 22%，美國 56%，全球為 36%。與世界各國比較，台灣還有很大的努力空間。（資料來源：Our World in Data https://ourworldindata.org/covid-vaccinations?country=OWID_WRL）

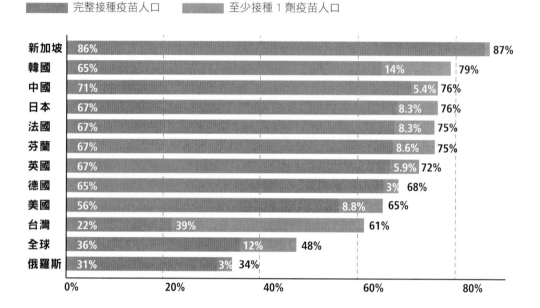

電子遊樂場，以及萬華茶藝館等群聚案，萬華茶藝館感染者因平均年齡較高，死亡率也相對提高。由於事態緊急，政府在 2021 年 5 月 15 日首先提升雙北疫情警戒至三級，後續全國也全面進入三級警戒。

陳建仁分析，當單日確診達到 200 多人時，表示病毒至少已經傳遞了 4 波，如果不趕快控制並阻斷病毒傳播，在病毒持續傳遞 9 波以後，理論上會有 20 幾萬人感染（4 的 9 次方）。

經過全民緊鑼密鼓的防疫努力之後，確診病例數從一開始的每天 500 ～ 600 人，到 7 月中已降至 20 人以下。陳建仁語

帶感性地說：「疫苗不足的情況下，可以在短短兩個月控制疫情，真的相當不容易。這是中央與地方政府合作、政府與民間合作，以及 2,300 萬人的默默努力所帶來的成果。」

　　但他也強調，疫苗仍是下半場防疫作戰的最佳解方，必須盡快將完整接種率提升到 65% ～ 70%。其中，遏止疫苗假消息的傳播，也是不可忽視的一環。

❝ ❝ 疫苗緊急使用授權與免疫橋接

　　「疫苗是防疫下半場最重要的救援投手。」陳建仁強調，以往疫苗的研發，從動物實驗到臨床試驗一期、二期和三期，通常需要至少 5 ～ 10 年才能成功。

　　在動物實驗階段，必須確認疫苗的有效性與安全性，才可進行人體實驗。有效性有兩個評估重點：一個是「中和抗體效價」，也就是疫苗打入動物體內之後，所產生可以中和病毒的抗體濃度越高越好；第二個重點為「保護力」，即施打疫苗的動物在受到病毒感染後，是否不會被感染或發病。

　　疫苗研發漫長耗時，然而 COVID-19 疫情迫在眉睫，如果要等上 10 年才能施打疫苗，恐怕全世界的人都難逃病毒侵襲。因此，世界各國無不設法推進研發進度，例如美國前總統川普在 2020 年 5 月宣布「神速行動計畫」（Operation Warp Speed），投入大量資金在疫苗生產與供應上。採用 mRNA 新技術的莫德納疫苗與輝瑞／ BNT 疫苗，在完成三期期中分析後，2020 年 12 月就雙雙取得美國食品藥物管理局的緊急使用授權（Emergency Use Authorization, EUA），隨即廣泛施打。

　　但是，全球疫苗產能依然極度不足。2021 年 5 月世界衛

生組織因此召開了一場專家會議，討論透過「免疫橋接研究」（immuno-bridging study）取代三期臨床試驗的可能性。

陳建仁解釋，免疫橋接就是以保護力相關指標（Correlates of Protection, COP）來取代傳統三期臨床試驗的評估。由於中和抗體效價和保護力呈正相關，如果中和抗體效價能達到目前已認證疫苗的水準，便可考慮作為 EUA 審核標準。雖然世界衛

台灣食藥署公布的 COVID-19 國產疫苗療效評估標準

（資料來源：https://www.mohw.gov.tw/cp-5017-61305-1.html）

台灣國產疫苗免疫橋接研究方法

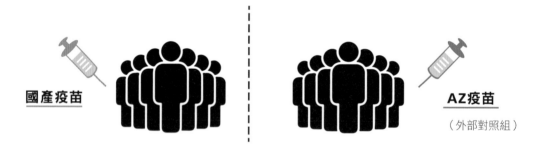

國產疫苗 | **AZ疫苗**
（外部對照組）

**分為國產疫苗組和 AZ 疫苗組，
取 65 歲以下成年受試者，比較第二劑施打後 28 天的血清中和抗體值。**

採用以下兩個方式進行統計分析比較，兩項都達標才算成功：
1. 原型株活病毒中和抗體幾何平均效價比值（geometric mean titer ratio, GMTR）的 95% 信賴區間下限須 > 0.67
2. 國產疫苗組的血清反應比率（sero-response rate）的 95% 信賴區間下限 >50%

☆血清反應比率，依據 AZ 疫苗 60% 原型株活病毒中和抗體累積分布量設定。
☆若申請 EUA 前，世界衛生組織釋出中和抗體之保護力相關指標的閾值數據，則參考世界衛生組織標準設定血清反應比率的比較條件。

生組織專家會議沒有達成共識，但歐盟、韓國與台灣都支持免疫橋接。

相關議題目前仍有許多正反爭論，許多人也不免質疑：若免疫橋接可行，為何美國持保留態度？

陳建仁認為，除了科學專業，各國也有自己的考量，美國目前已經有莫德納、嬌生和輝瑞／BNT等疫苗，整體供應無虞，故對免疫橋接有所保留。但陳建仁強調，不能只考慮資源充裕國家的情況。即使台灣疫苗接種率達到70%，也難以高枕無憂，因為病毒會不斷複製和突變，若不能盡快協助其他貧窮國家接種疫苗，終止COVID-19的全球大流行，很可能演化出疫苗逃逸株（vaccine escape strain），導致現行所有疫苗都失去保護力。

綜合上述，陳建仁認為這是世界衛生組織進行免疫橋接討論，以便有更多的新疫苗可以通過EUA的原因之一。他感慨地說道：「病毒無國界，沒有國家可以單獨對抗病毒，我們不能讓任何一個國家被遺棄，變成全球衛生的孤兒。」

❝❝ 與COVID-19共存的世界

這場全球大流行的瘟疫，確實重創全世界。台灣即使實施嚴格的邊境管控，但在三級警戒下，餐飲、觀光及運輸等民生產業皆深受衝擊。經歷病毒一波波反覆侵襲，我們何時可能結束這場漫長的戰役，重返正常生活？

陳建仁認為，施打疫苗能減緩疫情大流行，讓病毒不會大幅度傳播，降低病毒突變的機率。但是，要完全撲滅COVID-19已不太可能，因為大量輕症與無症狀感染者，會讓病毒持續存活，小幅度蔓延，而且新生兒尚無法接種疫苗，也是病毒的可能

宿主。換言之，我們要有心理準備與 COVID-19 共存。

COVID-19 病毒為了自身延續，會往高傳染力、低致死率的方向自然演化。那麼，下一步的共存之策為何？

陳建仁給出幾項解方：精準快篩、充足疫苗與抗病毒口服藥物。目前美國默沙東藥廠（MSD）已研發出 COVID-19 抗病毒口服藥物莫納皮拉韋（molnupiravir），正在申請 FDA 緊急使用授權，台灣也與藥廠接洽中。

未來場景已經可以想像：多數人已接種過疫苗，正常上班上課，如果有人經快篩確認感染 COVID-19，醫生便給予口服抗病毒藥物來降低病患體內的病毒量，避免重症、降低傳染力，而社會仍如常運作，醫療體系也不致崩潰，類似目前因應流行性感冒的對策。

陳建仁提到，公共衛生有個重要的概念——「一體健康」（One Health），也就是所有人、所有動物與所有環境都健康。例如流行性感冒、SARS 或 COVID-19 等傳染病，都屬於人畜共通的疾病，疾病不只威脅人類，也會感染動物，甚至對生態造成影響。如果我們不破壞環境，避免和野生動物有過多非必要接觸，或許就能減少接觸中間宿主動物的機會，人類也不會從自然界的動物感染到新型病毒。

「因應未來各種可能的新興傳染病，保持『一體健康』，才會有更好的對策。」陳建仁總結道。

❝❞ 延伸閱讀

〈成功防疫因素〉。衛生福利部 COVID-19 防疫關鍵決策網。

陳建仁（2020）。《流行病學：原理與方法》。新北：聯經。

陳建仁（2021）。〈智慧防疫與精準健康〉。中央研究院物理所 YouTube。

簡國龍、廖美、吳介民（2021）。〈國產疫苗緊急使用授權爭議與因應路徑 2.0 版〉。思想坦克網站。

研之有物

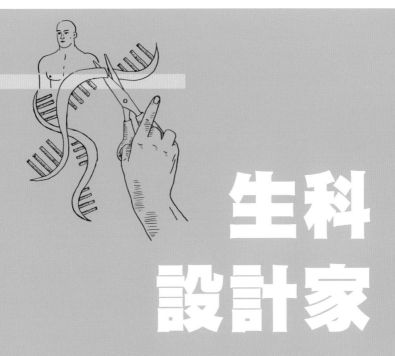

生科
設計家

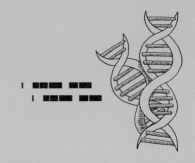

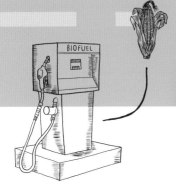

PART 3

真菌也會
玩樂高？

「天然物」合成的關鍵發現

Lesson 17

天然物研究

存在於大自然、肉眼看不到的「微觀世界」，無時無刻上演著熱鬧的生物活動。中央研究院生物化學研究所的林曉青副研究員，以分子模型帶你一同想像：真菌是如何像玩樂高一般，組合出結構複雜的天然物。

" 著迷於微觀世界的生物科學家

「印象最深刻的實驗，是讓我最害怕的實驗！」林曉青回憶起高中時的生物課，「每次同學解剖牛蛙，我都躲在遠遠的地方看……」我們常以為生物科學家都有藝高人膽大的特質，不過林曉青卻以這段經驗分享，即使身為科學研究者，也有害怕或顧忌的地雷區。

但科學家的養成路有各種途徑。擅長「天然物」（Natural product）生物合成研究的林曉青，並非從實驗室裡冒著泡泡的「化學物 X」溶液中誕生，反倒是從「最不化學」的場域——宜蘭的田野——踏入這個領域。

在宜蘭長大，或更精確地說，是在還沒被大量的農舍、民宿入侵的宜蘭田野中成長，讓林曉青有許多機會接觸自然環境，

林曉青拿著真菌培養皿、像樂高的 okaramine 分子模型。這兩者藏著真菌殺蟲的祕密。

因此國小時最有興趣的就是自然課。當時的《國語日報》每天都有自然科學專欄，林曉青總是睜著圓滾滾的大眼睛，興味盎然地探索各種動植物、昆蟲知識和自然現象。

在還喜歡看卡通的年齡，《人體大奇航》這部動畫占據了林曉青家中的電視機。「《人體大奇航》講的是人體微觀世界，把每種細胞擬人化。每一集有不同主題，像是人體被細菌攻擊後，白血球會啟動防禦；或是人類吃下食物後，體內的醣類及脂肪如何代謝。」雖然記憶已有些遙遠，但一想起動畫內容，林曉青仍像個充滿好奇心的小孩，對情節如數家珍。

「我們眼睛看不到的地方有個微觀世界，擁有極大的想像空間。長大後，我才在研究中發現很多微觀世界自成系統，例如天然物的合成途徑。」林曉青說。

生物合成天然物，強化生存競爭力

解釋天然物這種有機化合物，可以像教科書一樣，搬出一幅幅猶如外星文字般的化學結構圖，然而林曉青用了簡單的方式來說明：「我們常喝的咖啡、避免失憶的銀杏，它們都是源於天然物，能對人體產生一些特定作用。」

所謂的「特定作用」，指的是天然物的生物或藥理活性，但這些活性會如何對人體發生效益，是生產天然物的真菌、細菌和植物始料未及的。因為一開始它們生產天然物的目的，其實是為了能在環境中生存，例如趕走勁敵，或是幫助共生的宿主。

也就是說，天然物是生物體互相交流的「工具」，可能用來相親相愛，亦有可能會互相傷害。例如 okaramine 這種天然物，是一種含氮的生物鹼，有其特殊的「交流用途」。「okara」是

日文「豆渣」的意思，「amine」是含有氮原子的化合物。過往的科學家發現青黴〔菌〕屬（Penicillium）的真菌會生長在豆渣上，並生產這種 okaramine 天然物，後來有化學家進一步發現，okaramine 天然物具備選擇性的「殺蟲」生物活性。

用白話文來說，該真菌在豆渣上生長並生產 okaramine 天然物，以此向其他會競爭生存的昆蟲嗆聲：「這裡只有我可以生活，闖入者格殺勿論！」

微觀世界裡熱鬧搶地盤的景象，看在化學家眼中總是饒富趣味，並且促使他們思考：「這種天然物能否被人工合成出來？」但至今仍未發展出完整的化學合成方法。因為想找出方法，首先得了解——究竟生物是運用哪些原子、透過哪些途徑，像玩樂高般蓋出這個天然物結構？

❝❝ 用樂高思維組出 okaramine

林曉青比喻，研究天然物就像在「玩樂高」，有機的「碳、氫、氧、氮」等原子則如同一塊塊樂高積木。早期的科學家已發現真菌以這些有機原子組成了一艘樂高戰艦（天然物），用來對抗入侵生存環境的昆蟲敵人，卻不明白過程中是透過什麼方法組裝？

於是科學家嘗試依樣重組，在實驗室中使用相同的碳、氫、氧、氮等「有機」積木，推測中間發生了什麼事，才能組出這艘「天然物」戰艦。

距今一百多年前，科學家開始用「化學合成」的方法，也就是以高反應性的化學物質，在高溫或高壓的反應條件中進行化學反應，嘗試組合出複雜結構的化合物。

用樂高思維組出 okaramine

青黴〔菌〕屬（Penicillium）的真菌運用單純的胺基酸，組合出結構複雜的 okaramine 有機化合物。（資料來源：Biosynthesis of Complex Indole Alkaloids: Elucidation of the Concise Pathway of Okaramines.）

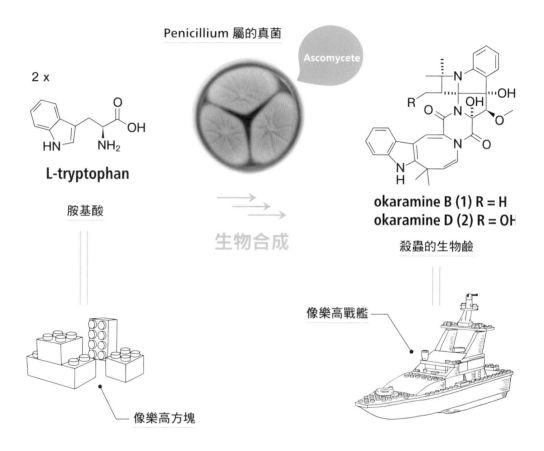

而自然界的生物體中，存在各種功能的「酶」（enzyme），用來催化各種化學反應。不同生物體有自己的基因序列，酶具有什麼功能都寫在 DNA 中。隨著近年來「基因體定序」技術的進步，科學家有機會知道自然界是以哪些基因和酶進行生物合成反應，產生各種化合物。

除了基因組探勘，再加上基因剔除、異源性表達、化學結構解析等技術，讓林曉青團隊得以進入微觀的世界，觀察生物體內有哪些負責合成化合物的關鍵基因和關鍵酶，它們又於合成過程中發揮哪些功能。研究團隊並於模仿自然界的常溫、一般氣壓環境下，在放了受質和輔因子的水溶液中，試驗催化生物合成反應。

「我們的生物合成方法，不同於早期的化學合成方法，不需要用到高反應性、毒性較強的化學物質。」林曉青說明，「我們想要了解的天然物合成方法，是自然界實際使用的方法。」

林曉青拿出像樂高積木的 okaramine 化合物模型，可以看見黑色的碳原子、藍色的氮原子、紅色的氧原子是如何鏈結的。如右頁圖綠圈處，真菌在組合 okaramine 時，透過 OkaE 這種酶催化合成反應，將原本分離的兩個碳原子像樂高關節般拼接起來，繼而與另一個碳原子和氮原子結合成四環。

林曉青拿著 okaramine 化合物模型，徒手嘗試組裝兩個碳原子時，費了點力穩住結構才能將模型接上。「用手都得花點力氣了，在真菌體內要接上四環，也需要足夠的能量，而自然界就派出 OkaE 酶負責催化這個過程。這是我們團隊最先發現的喔！」林曉青露出開朗的笑容。

❝❝ 以合成天然物，助陣藥物研發

雖然科學家對天然物的催化酶所知有限，也尚未透澈了解自然界的生物合成途徑，但林曉青認為這正是研究天然物的樂趣，因為還有好多未知等著被發現。

「而且研究天然物，會相信真理只有一個！」林曉青解釋，

okaramine 化合物結構

放入試管的 OkaE 酶就像樂高關節，將原本分離的兩個碳原子催化組合成四環（綠圈處）。（資料來源：Biosynthesis of Complex Indole Alkaloids: Elucidation of the Concise Pathway of Okaramines.）

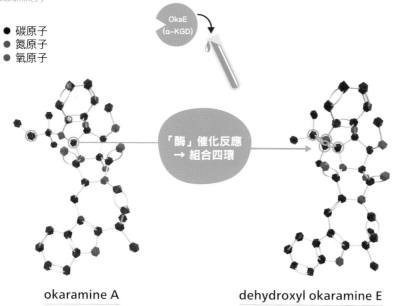

- ● 碳原子
- ● 氮原子
- ● 氧原子

OkaE
(α–KGD)

「酶」催化反應
→ 組合四環

okaramine A

dehydroxyl okaramine E

「因為某個酶的功能，用各種實驗證明結果都會是同一個，這是一個不變的定律。」

　　團隊努力研究天然物的另一個動力，是未來的藥學潛能。以用於治療癌症的紫杉醇為例，這種天然物除了可從太平洋紅豆杉（*Taxus brevifolia*）的樹皮分離取得，後來發現亦可自另一相近樹種歐洲紅豆杉（*Taxus baccata*）之葉部，分離得到中間物，進而以半合成（semi-synthesis）方式合成紫杉醇。然而紫杉醇天然生產的量非常少，成為當時研發臨床用藥的瓶頸，因而延長了藥物發展的時程。

　　若能了解大自然合成天然物的途徑、參與的基因以及酶等知識，未來可望由合成生物學的方式進行製備，並取得藥物來源。

　　但或許有人會疑惑：用人工的方式大量合成天然物，不會影響自然環境嗎？林曉青慎重地回應：「不同天然物有不同的生物活性，若決定大量做出某種有機化合物，要先想清楚其目的。然而天然物原本就合成於自然，自然必定也存在對應的生物降解機制。」

　　我們常說「眼見為憑」，但除了眼前「看得見」的景物，在窗外的某棵樹上肉眼所看不到的微觀世界裡，或許有一群正熱鬧地玩著「樂高」的真菌，生產著各種天然物。

❝❝ 延伸閱讀

Lai, C. Y., Lo, I. W., Hewage, R. T., Chen, Y. C., Chen, C. T., Lee, C. F., Lin, S., Tang, M. C., & Lin, H. C. (2017). Biosynthesis of Complex Indole Alkaloids: Elucidation of the Concise Pathway of Okaramines. *Angewandte Chemie International Edition, 56(32), 9478–9482.*

改造細菌，把二氧化碳變燃料！

廖俊智與合成生物學

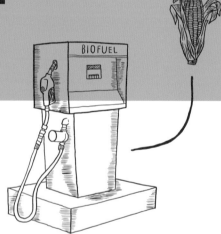

Lesson 18

運用合成生物學邁向淨零排放的未來

　　氣候變遷是本世紀最重大的環境課題，為了達到 2050 年溫室氣體淨零排放的目標，除了提高能源效率、生產再生能源，勢必也得將化石燃料產生的溫室氣體，轉化為再利用形式。在這個前提下，科學家便思考著如何將二氧化碳變成永續性的燃料？中央研究院院長廖俊智團隊以合成生物學改造細菌基因，重新設計代謝路徑，讓細菌將二氧化碳等溫室氣體轉化成燃料與化學品，有效減少溫室氣體。2021 年廖俊智更獲得以色列總理獎，表彰他在生質能源研究的重大突破。

中研院廖俊智院長運用合成生物學，創造出可持續固碳的碳循環路徑，產出具永續性的生質燃料。

" 科幻將成真，回收二氧化碳成為可用燃料

想像一下以下畫面：

白天你和家人在客廳聊天，呼出的二氧化碳被特殊的裝置吸收後，機器內經過改造的細菌，可將二氧化碳轉換成葡萄糖，到了晚上你就能用這些糖泡咖啡。準備出門時，汽車沒油了，這次換另一種改造細菌吸收二氧化碳，之後便可以直接產出燃料。

以上這些如同科幻小說的場景，正在中研院廖俊智院長的實驗室中逐步成真。研究人員以合成生物學的技術，改造細菌基因，重新設計細胞代謝路徑後，這種合成細菌即能吸收二氧化碳等溫室氣體，產出我們所需要的燃料或化學物質。

合成生物學：
以工程學概念「重新設計細胞」

合成生物學也是修改生物基因，但與過去基因改造的規模完全不可同日而語。傳統基因改造，只能增加或剔除一到數個基因，並限定在優化或弱化細胞的某些特定功能，例如耐旱、抗蟲等；合成生物學則可設計一條新的代謝路徑，修改所需之完整基因群，重寫細胞的功能——等同於重新設計細胞！例如：把大腸桿菌改造成只吃甲醇的細菌。

細胞的代謝，指的是細胞內一連串化學反應，可以是分解分子、取得能量，如細胞的呼吸作用；也可以是合成所需要的分子，如植物以光合作用合成葡萄糖。過去，生物學家致力了解自然生物，基因改造只是其中一項技術。如今，人類已解碼生物的元件——細胞的結構，知道細胞在不同基因群的指揮下，會創造不同的代謝路徑，執行各種功能。

合成生物學立基於過去的知識積累，改造大量基因，創造出全新的代謝路徑。這好比設計一款新手機，是從舊的手機模組出發，大幅改變內部的半導體元件和電路，研發出全新功能。換句話說，合成生物學讓人類進入了可「設計生命」的時代。

合成生物學，就是以工程學的概念來重新設計細胞。

先設計，再演化！

具體來說，科學家會先決定想要的新功能（代謝路徑），不過細胞代謝與其控制基因的機制非常複雜，人類仍未完整地解開謎團，不可能事先知道所有需要修改的基因。因此合成生物學

改造基因，不是如同過去一個個剪貼，而是先設計、再演化。

在設計階段，要先選取某些細菌細胞，改造一些基因，讓細胞非常靠近預期目標；接著再給予適當的環境，讓這些細胞自己演化，看看哪一株的後代會演化出想要的功能。

廖俊智比喻，這就像想要橫渡大洋，至少得先有一條船才能出發，航行途中再逐步完善細節，如將船身改造成流線形等等。

舉例來說，下圖是廖俊智在 2020 年發表合成嗜甲醇菌成果的研發過程，為了將大腸桿菌改造成只吃甲醇的合成細菌，並且產生可再利用的化學原料。研究團隊透過設計、定向進化、成像與基因定序，成功做出世界第一株「合成嗜甲醇菌」。

以合成生物學技術，重新改造細胞的代謝路徑，一旦演化成功，細胞將可自行產生人類化學工程難以製造的複雜、精準的分子或細胞。目前合成生物學聚焦在工業與醫藥領域，工業上是利用細菌工廠生產不同的燃料或化學分子，如廖俊智團隊改寫各

合成嗜甲醇菌的研發過程

在廖俊智的合成嗜甲醇菌研究中，為了改變大腸桿菌代謝路徑，最重要就是初始設計與定向進化環節。初始設計為修改大腸桿菌基因，使其接近設定的功能，定向演化則是讓具有一樣初始條件的細菌分別演化，直到有一株細菌成功達到設定目標，也就是「合成嗜甲醇菌」。

設計	定向進化	成像	基因定序

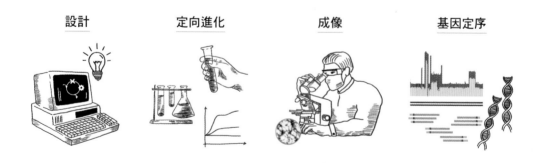

種細菌的代謝途徑，成功製造燃料與化學品；醫藥領域則包括最夯的癌症療法「CAR-T 免疫療法」，將 T 細胞重新改造，增強殺敵功力，對抗癌細胞更給力。

二氧化碳變燃料，對抗全球暖化危機

綜觀廖俊智的研究，核心關懷始終是以合成生物學解決全球暖化問題。他透過多篇論文，展示如何改變微生物的代謝途徑，將再生原料轉化為燃料與化學品。其中，將二氧化碳直接轉化為燃料，無疑是廖俊智最具原創性的成就之一！

過去，人們已經可以利用細菌生產燃料、抗生素或治癌藥物，但多以醣類為原料，因此需要種植甘蔗和玉米，不僅成本昂貴，把食物拿來當燃料也不是理想之舉。於是廖俊智思考，何不回到源頭，從二氧化碳開始著手呢？亦即以二氧化碳為原料，打造新的碳循環。

因為醣類是植物吸收二氧化碳後，經過光合作用產生，他溯源發想：我們是否能夠直接改造光合作用，讓植物只吸收二氧化碳，但不產糖、改產燃料，形成永續的碳循環？這樣一來既解決原料問題，也能消化目前只能封存、無法利用的巨量二氧化碳。

廖俊智十年磨一劍，發展各種實驗進路，在 2012 年，利用電力間接驅動微生物，執行二氧化碳的生物還原，成功將電能儲存在液態燃料（異丁醇）中。這是結合太陽能電池與微生物生化反應以生產燃料的世界首例，研究成果獲登於國際期刊《科學》（*Science*）。

科學家早就研究將植物轉化為燃料，但植物原料資源有限、運輸昂貴，而且在醣轉換為燃料時，會產生二氧化碳。

廖俊智首先設計一套非氧化型醣解反應（Nonoxidative glycolysis），將醣分子內的所有碳原子，毫無流失地轉化成合成燃料，減少二氧化碳的產生。

接下來，他在上面實驗的基礎上，加入從二氧化碳直接轉換為燃料的路徑。

2012 年，成功地以電路驅動微生物，直接將二氧化碳轉化為燃料。

故事，從光合作用說起……

　　要了解廖俊智如何完成從二氧化碳轉化為燃料，首先得了解什麼是光合作用？

　　光合作用分成兩個步驟，第一步是光反應，將光能變成化學能；第二步是利用這個化學能來固定二氧化碳，最終產生葡萄糖。

植物的光合作用示意圖

植物行光合作用即是大自然的固碳系統之一，光反應將光能變成化學能，再將化學能用來固定二氧化碳，最終產生葡萄糖。

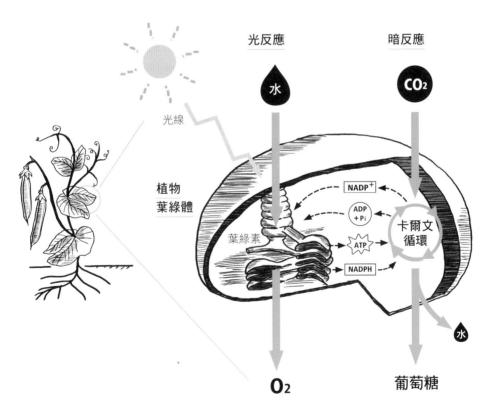

光合作用是利用光激發葉片釋放電子，來還原二氧化碳中的碳。廖俊智則改以太陽能板的光電效應產生電子來驅動碳還原，能比生物更穩定、有效率地提供電子。另一個好處是，可藉此將太陽能板產生的電能轉為化學能儲存，解決太陽能儲存電能效率過低的問題。

有了電子來源之後，廖俊智團隊選擇 R. eutropha 細菌為修改對象，這種細菌沒有葉綠體，但當電極將溶液中的二氧化碳還原成甲酸（HCOO−）後，它會利用甲酸來合成化學能（NADPH），搭配溶液中的二氧化碳，來進行光合作用中的「固碳反應」，也就是卡爾文循環。

廖俊智與團隊改造的微生物系統

透過細菌細胞的合成反應，先將電能轉換為化學能，再用化學能合成產出燃料。為了保護細菌不被電極產生的自由基影響，研究團隊加上一個陶瓷分隔層，在電極和細菌之間隔出一點距離，讓這些自由基在觸及細菌細胞前就先衰變。（資料來源：Integrated electromicrobial conversion of CO2 to higher alcohols.）

水溶液
分布著細菌細胞

Anode
陽極

Cathode
陰極

CO_2

陶瓷分隔層
（隔離細菌細胞和電極）

電能

e−

甲酸
HCOO−

CO_2

化學能
NADPH

卡爾文
循環

R.eutropha.
細菌細胞

CO_2

陰極

CO_2

生質燃料（例如：異丁醇）

所謂「固碳」，是指將二氧化碳轉化成高碳數的化合物，使其不再逸散至空氣中，而能再次回收利用。

更重要的是，利用合成生物學技術，R. eutropha 細菌的代謝路徑被重新設計、演化，使這條「擬光合作用」路徑的最終產物不是葡萄糖，而是異丁醇（isobutanol），這種高碳數的醇類可作為汽油的代替物，或者加工成航空燃料。

❝ 世界第一株「合成嗜甲醇菌」

除了 R. eutropha 細菌和光合作用之外，廖俊智團隊也持續嘗試設計不同的人工碳循環，為減少碳排放開闢了更多可能性。

早在 2008 年，廖俊智即在《自然》期刊發表以改造過的大腸桿菌合成出異丁醇，讓生質能源不再獨尊乙醇燃料，轉而發展高碳分子燃料。這項技術已技轉美國能源公司，應用在航空業的生質燃油製造。

2020 年，廖俊智研究團隊又有新戰績！團隊成功改造大腸桿菌，創造出世界第一株「合成嗜甲醇菌」，專門吃下由溫室氣體轉化而成的甲醇，並產出可再利用的燃料，甚至再轉化成各種生活化學產品，讓細菌成為貨真價實的化學工廠。研究論文於 2020 年 8 月登上《細胞》（Cell）期刊，被譽為「合成生物學的新標竿」。

何謂合成嗜甲醇菌？對一般細菌而言具有毒性的甲醇，對嗜甲醇菌來說反而是可以代謝利用的資源。科學家很早就研究是否能將這些細菌加以改造，使之吸收甲醇，製造人類的化學品。可惜，天然的嗜甲醇菌難以被改造。於是科學家把焦點轉向，思索能否將其他細菌改造成嗜甲醇菌？但多年過去，仍遲遲未獲成果。

合成嗜甲醇菌可創造新的碳循環

廖俊智團隊改造大腸桿菌的代謝路徑，使其以甲醇為唯一的食物來源（碳源），將溫室氣體轉化成的甲醇，變成可再利用的燃料（例如：異丁醇）。

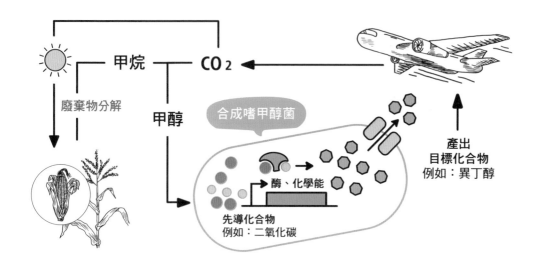

2020 年，廖俊智團隊發現：甲醇在進入一般細菌後，會使細胞內的 DNA 及蛋白質互相糾纏，導致細胞死亡。因此，研究團隊以獨創理論推測出大腸桿菌需被調控的關鍵酵素，並展開更嚴密的基因調控，避開這條死亡之路，終將大腸桿菌改造成嗜甲醇菌，而且生長速率接近天然嗜甲醇菌。

「這是中研院團隊獨力創造的成果。」廖俊智欣慰之餘，也特別提出研究突破來自中研院優秀人才長時間的熱忱投入、抽絲剝繭地探究問題的線索，加上院內先進的核心設施，才得以實現如此重大的成果。

數十年來，秉持著以合成生物學解決全球暖化問題的核心關懷，廖俊智每一篇在《自然》、《科學》等頂尖期刊上發表的論文，皆是航向這個目標的關鍵片段，如今也越來越接近完整輪廓。雖然前路仍充滿未知，但他相信：「不可能一次解決所有問題，但不用擔心，總是能想到解決方案。這就是科學的樂趣！」

All solutions have a problem, but all problems have a solution.（所有解方都會有問題，但所有問題也都將有解方。）

66　延伸閱讀

〈2050 淨零碳排的科學解方〉，中央研究院 YouTube 頻道。

Atsumi, S., Hanai, T., & Liao, J. C. (2008). Non-fermentative pathways for synthesis of branched-chain higher alcohols as biofuels. *Nature, 451(7174), 86–89.*

Chen, F. Y. H., Jung, H. W., Tsuei, C. Y., & Liao, J. C. (2020). Converting Escherichia coli to a Synthetic Methylotroph Growing Solely on Methanol. *Cell, 182(4), 933–946.e14.*

Li, H., Opgenorth, P. H., Wernick, D. G., Rogers, S., Wu, T. Y., Higashide, W., Malati, P., Huo, Y. X., Cho, K. M., & Liao, J. C. (2012). Integrated Electromicrobial Conversion of CO_2 to Higher Alcohols. *Science, 335(6076), 1596.*

研之有物

破解遺傳疾病、評估大眾用藥風險

全基因組分析的應用

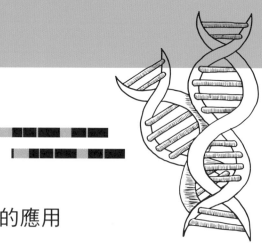

Lesson 19

「全基因組分析」的重要意義

　　每個人的身體狀況會因為居住環境、生活習慣，呈現相當大的差異。但同一家族裡的成員，由於相似的基因存在親戚、手足之間，個人未來的健康狀況可以從家族病史看出一些端倪。中央研究院生物醫學科學研究所郭沛恩院士與研究團隊，正努力推動兩項基因分析計畫，或許在不久的將來，人類有可能透過個人的基因資訊，直接評估患病風險，還能篩選適合自己的用藥。

中研院生醫所特聘研究員暨中研院院士郭沛恩與研究團隊，正努力推動兩個基因分析計畫：一個針對罕見遺傳疾病；另一個則力求讓大眾問診、用藥更加精確。

❝❝　從基因資訊評估遺傳疾病風險

　　你是否曾想過，為什麼就醫時填寫病歷表，其中一項常見的問題是：家族有哪些病史？

　　疾病的成因，有些來自先天基因變異，有些是後天環境、飲食或傳染病所造成的。詢問家族病史的原因在於，相似的基因可能從祖父母、雙親，再傳到子代。因此，想評估罕見遺傳疾病，抑或癌症、心血管疾病、糖尿病等發生的機率，過往多半是透過詢問家族病史來了解，但未來將有更精確的方式預測患病風險——直接查看基因資訊。

分析「單一基因」變異，
找出罕見疾病因子

　　針對單一基因異常造成的罕見遺傳疾病，郭沛恩團隊使用「全基因組遺傳分析」（full genome analysis）來探尋病因。

　　這類罕見遺傳疾病，包含先天性異常（congenital anomalies）、神經退化性疾病（neurodegenerative disease）等。全基因組遺傳分析分成兩個部分，一是從血液、口水採集可供分析的 DNA，藉以進行「全基因體定序」（whole genome sequencing），了解該 DNA 片段的鹼基如何排列；二是繪製「全基因體圖譜」（whole genome mapping），確定該 DNA 片段在染色體上的位置。

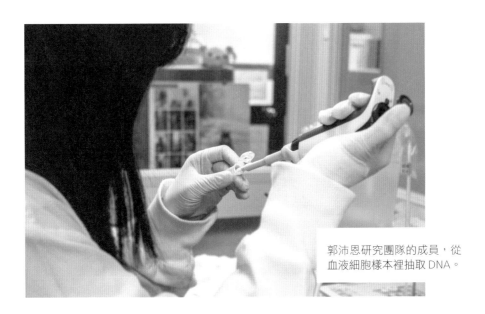

郭沛恩研究團隊的成員，從血液細胞樣本裡抽取 DNA。

首先，全基因體定序是將已發病患者的 23 對染色體中，每一個基因都做定序。定序完成後，參考已知的生物學、基因組學及醫學等知識，確認影響發病的基因；或是藉由比對健康雙親的基因，從可能的序列中搜尋基因變異處，找出罕見遺傳疾病的發病機制。接著，再利用全基因體圖譜繪製組裝長片段的 DNA，以提高基因排列的正確性，並且偵測結構性變異的靈敏度。

基因組分析工作流程

全基因體圖譜繪製流程。（資料來源：Vilella Genomics）

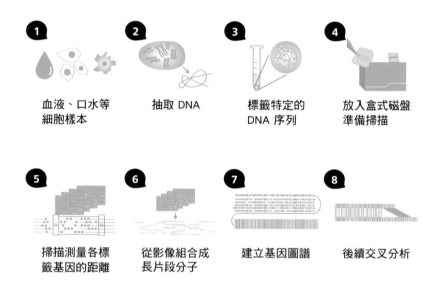

| ① 血液、口水等細胞樣本 | ② 抽取 DNA | ③ 標籤特定的 DNA 序列 | ④ 放入盒式磁盤準備掃描 |
| ⑤ 掃描測量各標籤基因的距離 | ⑥ 從影像組合成長片段分子 | ⑦ 建立基因圖譜 | ⑧ 後續交叉分析 |

如上圖所示，郭沛恩團隊建立基因圖譜（gene map）的方法，是先將 DNA 分成較大的片段，利用特定的酵素來標記 DNA 上的特定序列，並黏上螢光當作標籤（label）。透過機器測量各個螢光標籤之間的距離後，再從影像組合成長 DNA 片段，並定位出該 DNA 片段在染色體的位置。

全基因體圖譜繪製，彌補了全基因體定序讀取長度限制的缺憾；而全基因體定序，則提供了準確的 DNA 序列。藉由這兩種方式，團隊得以進行全基因組遺傳分析，進而探討罕見遺傳疾病的致病因子。

「DNA 裡充滿重複的序列，讓重建工程增添難度。但如果找到特殊的序列，對定序會很有幫助。」郭沛恩解釋。相較於小片段 DNA，團隊所使用的較大 DNA 片段有更多序列線索，可以辨認、拼湊出基因原本排列的順序。若能將辨認大片段 DNA 得到的基因圖譜拼在一起，就可重組整條染色體。

分析「多基因」關聯，推動台灣精準醫療

對於「單一」基因異常造成的罕見遺傳疾病，能依靠全基因組定序和全基因組圖譜繪製，找到可能致病的遺傳因子，再進一步研究發病原因與機制。

但面對「多基因」交互影響的疾病，例如糖尿病、癌症、心血管疾病、精神疾病等等，上述的全基因組遺傳分析，就無法測出各個單一基因對疾病的影響程度。以心血管疾病來說，少部分為單基因遺傳疾病，大部分則來自多基因加上環境、飲食等因子交互影響所致，病因相當複雜。

針對多基因影響的常見疾病，郭沛恩研究團隊採行另一種方法：全基因組關聯分析（genome-wide association study，簡稱 GWAS）。

研究團隊藉由全基因組關聯分析搭配醫療資料的大數據，期望能找到與疾病預防、進程、治療相關的生物標記（biomarker），也就是體內可以反映某種疾病狀態的指標。目

前，郭沛恩團隊正積極與台灣各大醫院合作，運用此方法，推行和大眾健康息息相關的「台灣精準醫療計畫」。

在此計畫中，郭沛恩團隊透過文獻蒐集與疾病相關的「已知」基因變異點，並設計適合檢測該基因位點的晶片，之後病人的檢體就會利用這張晶片進行全基因組關聯分析，確認病人的基因是否在該處有變異情況。

另一方面，也能反過來應用。由於多數疾病的基因變異點尚「未知」，團隊可藉由全基因組關聯分析探究大量的病患基因樣本，從大數據找出相關的致病基因。換句話說，當某種疾病的大多數病患，幾乎都是某處的基因出現問題，就能推測其為關鍵的基因變異位點。

郭沛恩解釋，未來若想了解個人罹患糖尿病、癌症、心血管疾病等常見疾病的風險，民眾可先進行基因檢測，建立自己的基因遺傳輪廓（gene profile），並透過上述的全基因組關聯分析，觀察基因變異點或表現量，再與自己的臨床病歷比對分析，就可從基因來評估患病風險。這套方法比參考家族病史更為準確。

❝ 體外基因檢測，降低藥害風險

基因檢測除了讓醫療決策更精準，用藥也能更符合個人需求。由於不同的基因型會影響人體對藥物的反應，經由體外的基因檢測（gene test），能事先得知病患對藥物的反應，協助醫生選用最適合的藥物。

目前市面上流通的藥物，多數是由歐美國家針對西方人所開發，用在亞洲人身上可能療效不佳，甚至產生危害。例如，治療心血管疾病常用的抗凝血劑 Warfarin（華法林）。

Warfarin 是從老鼠藥研發而來，具有相當程度的毒性，運用於人體醫療可以預防中風和心臟病。但亞洲人缺乏代謝此藥物的基因，很容易產生副作用，一旦用藥過量會造成出血死亡。2006 年，中研院陳垣崇院士已經找到 Warfarin 的基因標的，並與醫院合作進行用藥前的基因篩檢。

另外，常用於治療癲癇與三叉神經痛的藥物 Carbamazepine（卡巴氮平），若不慎誤用則會引起史蒂文生氏—強生症候群（SJS），以及毒性表皮溶解症（TEN）等皮膚病徵。用藥前若能先進行基因檢測，可以避免副作用的困擾。

目前在台灣部分大醫院進行單一位置的基因檢測，所費不貲。郭沛恩團隊期望未來可結合健保，讓大眾用較低的費用，取得自己的基因組資訊。

＂＂ 持續推動精準醫療計畫，提供預防性檢測

自 2018 年起，郭沛恩團隊展開罕見遺傳疾病的全基因組遺傳分析計畫，之後又進一步運用全基因組關聯分析，推動提升大眾健康的「台灣精準醫療計畫」，目前也陸續獲得研究成果。

2021 年 2 月，郭沛恩團隊在國際期刊《npj 基因組醫學》（npj Genomic Medicine）發表成果，團隊使用「台灣人體生物資料庫」，從 1,492 個參與者中獲得高覆蓋率的全基因組定序資料，並取得 10 萬多名台灣人的全基因組關聯分析數據。該研究顯示，有 21.2% 的台灣人帶有體染色體隱性遺傳疾病的基因，而 87.3% 的台灣人具有影響藥物反應的基因，需重新評估藥物用量。

台灣精準醫療計畫與疾病篩檢的「目的性」檢驗不同，更

偏向「預防性」檢測，需要大量樣本協助研究。但基因組分析通常在人們健康的時候進行，不同於以往大眾所熟悉的目的性疾病篩檢，推廣的過程勢必會受到質疑。郭沛恩認為正因如此，研究團隊必須加強示範基因檢測的實際益處，而非只是要求民眾提供數據讓科學家研究。而要達成精準醫療的目標，除了檢測民眾個人基因資訊，還需要蒐集臨床病歷資料、日常運動與飲食習慣等等。資訊越詳細，對疾病預測、治療越有幫助，但前提是獲得受檢人的同意。雖然個人意願如何不得而知，但郭沛恩仍想像，或許有一天，人人會穿戴身體指數的追蹤器，可以精確蒐集各種訊息，更廣泛達成精準醫療。

❝❝ 預先分析新生兒的基因，是解方或危害？

　　基因檢測有助於一般民眾及早發現遺傳性疾病，如果分析雙親的基因組資訊，還能預測新生兒可能的遺傳疾病。更進一步，若能從胚胎取出細胞，並將細胞核中的基因組完全定序，便有機會讓新生兒避開疾病與缺陷、只留下優良的基因組合——打造完美基因寶寶似乎不再只是夢想。

　　但郭沛恩解釋，實務上要完整分析基因組，需要約一百萬個細胞；在胚胎時期，頂多只能取得幾個細胞，遠不及基因定序所需的量，必須等到胚胎成形後才能確認。即便是技術上可行，在倫理層面他仍不贊同，「我們不知道什麼樣的寶寶是最好的」。郭沛恩認為，「最好的寶寶」對每位父母都不一樣，科學不能代替任何人去下定義。況且，不符合聰明、健康、外表出眾等「優良」特徵的新生兒，不代表沒有活下來的權利。郭沛恩強調，用全基因組分析來篩選小孩，絕對不是個好主意。

台灣得天獨厚的優勢

郭沛恩自小在香港長大，後來赴美就讀大學，一路留在美國擔任加州大學舊金山分校皮膚科教授、心血管研究所特聘教授。原本一年僅約莫來台灣一次，為何會選擇加入中研院？他回憶：「我其實沒有想過要離開舊金山，因為在那裡研究進行得很順利。」

他的伯樂是時任中研院生醫所所長的劉扶東院士，劉院士上任中研院副院長後，即邀請郭沛恩來台接任所長。對於郭沛恩來說，離開熟悉的環境需付出龐大的代價。不過，一得知有機會將精準醫療計畫付諸實行後，郭沛恩便一口答應。

歐美國家過去曾推行精準醫療，但執行面遇上重重困難。歐洲國家如瑞典和荷蘭將發展重點放在費用昂貴的全基因體定序，「一個人定序要一千美金，瑞典全國定序要花一百億，很難找到這麼多經費」。至於美國，除了種族複雜多元，增加分析難度；缺乏完善的健康福利政策，更讓基因醫療窒礙難行。由於美國人民的健康保險，多由個人任職的公司向私人保險集團投保，只要換工作就會由新的保險公司接手，因此只有投保期間發生的疾病，才會給付醫療服務。加上私人保險集團看重營利，以防患未然為宗旨的基因檢測，很難要求保險公司給付。

有些國家受限於健康照護制度，有些國家則是樣本數量不足。擁有全民健保、人口又夠多的台灣，確實是發展精準醫療的合適之處。「政府也很有興趣。因為若這項計畫有機會落實，既有望節省醫療支出，又能讓大家更健康。」郭沛恩說。

在美國進行研究多年，之後又應邀來台灣，熟悉兩方研究

環境的郭沛恩指出，兩國在研究領域都有優秀人才，主要差異在於行政系統。在美國，每一筆花費都必須個別申請；雖然申請困難，但獲得的經費很多。至於台灣，整筆研究經費來自國家挹注，資源有其局限，但研究員有較大的自主空間，可以探索感興趣的領域。

與能力相應的薪資與友善的環境，是招募人才不變的道理。郭沛恩強調：資源（或薪資）、名譽還有工作的快樂，是重要的要素。只要台灣能提供與能力相符的待遇，便能吸引各地優秀的人才一起合作。問及現在工作的心得，郭沛恩笑著說：「這裡的同事會熱心地提供協助，研究很愉快。」

❝❝　延伸閱讀

〈認識計畫 - 台灣精準醫療計畫〉，「台灣精準醫療計畫」網頁。

Lam, E. T., Hastie, A., Lin, C., Ehrlich, D., Das, S. K., Austin, M. D., Deshpande, P., Cao, H., Nagarajan, N., Xiao, M., & Kwok, P. Y. (2012). Genome mapping on nanochannel arrays for structural variation analysis and sequence assembly. *Nature Biotechnology, 30(8), 771–776.*

Mostovoy, Y., Levy-Sakin, M., Lam, J., Lam, E. T., Hastie, A. R., Marks, P., Lee, J., Chu, C., Lin, C., Džakula, E., Cao, H., Schlebusch, S. A., Giorda, K., Schnall-Levin, M., Wall, J. D., & Kwok, P. Y. (2016). A hybrid approach for de novo human genome sequence assembly and phasing. *Nature Methods, 13(7), 587–590.*

Wei, C. Y., Yang, J. H., Yeh, E. C., Tsai, M. F., Kao, H. J., Lo, C. Z., Chang, L. P., Lin, W. J., Hsieh, F. J., Belsare, S., Bhaskar, A., Su, M. W., Lee, T. C., Lin, Y. L., Liu, F. T., Shen, C. Y., Li, L. H., Chen, C. H., Wall, J. D., . . . Kwok, P. Y. (2021). Genetic profiles of 103,106 individuals in the Taiwan Biobank provide insights into the health and history of Han Chinese. *npj Genomic Medicine, 6(1).*

研
之
有
物

尋訪住在我們身體裡的剪接師

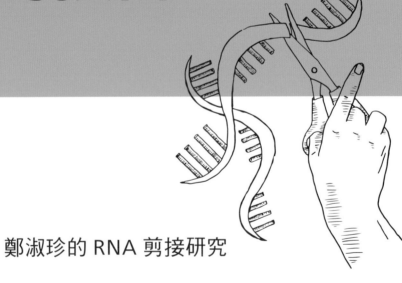

鄭淑珍的 RNA 剪接研究

Lesson 20

什麼是「RNA 剪接」？

· · · · · · · · ·

　　如果 DNA 是電影劇本，記載著生物體應該演出什麼樣的電影，RNA 就像依劇本拍攝出來的影片片段，須再透過「剪接」才能組成與劇情相符的故事。細胞內的「剪接師團隊」包括五個小核核醣核酸（小核 RNA），以及多種蛋白因子、蛋白複合體，而它們分工合作的機制，是被中央研究院分子生物研究所的鄭淑珍院士與團隊，透過實驗在生物體內所發現的。

❝ 發生在你我體內的「RNA 剪接」

40 年前，鄭淑珍還是臺灣大學化學系的大四生，以蛇毒蛋白為材料，跟著羅銅壁院士做專題研究。「生化研究跟化學實驗很不一樣，和生命的連結感更強，你會發現很多自然奧祕等待我們研究。」鄭淑珍回想起喜歡上生化實驗課的日子。

一轉眼 40 年過去，鄭淑珍仍在基礎研究的崗位上孜孜矻矻，只是研究對象不再是蛇毒蛋白，而是探索生物體內 RNA 剪接的奧祕。電影剪接教父華特 · 莫屈（Walter Murch）曾說：「最好的剪接，是像眨眼一樣自然。」而在自然界中，生物體內也有許多「RNA 剪接」正在運行，速度甚至比眨眼一瞬還要快。

了解 RNA 剪接之前，我們首先需要對生物的中心定律（Central Dogma）──「從 DNA 到蛋白質」這段過程，有一點概念。

中研院分子生物研究所的鄭淑珍院士，與團隊透過實驗發現生物體內的「RNA 剪接師團隊」。

RNA 剪接

DNA 會先轉錄成 RNA，再剪接加工為成熟 mRNA，並送去細胞質轉譯製造蛋白質
（圖中剪刀為 RNA 剪接的示意位置）。

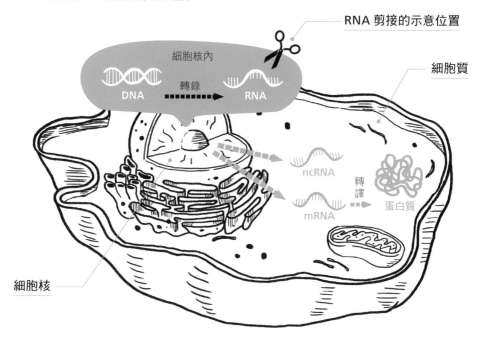

人體中有各種蛋白質參與不同任務，例如代謝作用、調節
肌肉收縮、免疫反應等等，而每種蛋白質的功能皆被「編碼」於
最源頭的 DNA 基因片段。最源頭的 DNA 基因片段，可細分為
兩種區段：表現子（Exon，或稱外顯子）、介入子（Intron，或
稱內含子）。

「表現子」於 RNA 剪接時會被留下，而「介入子」會在
RNA 剪接時被捨去。保留的表現子被組成一段 mRNA 遺傳訊息，
並依此 mRNA 遺傳訊息轉譯製造出對應的蛋白質，蛋白質再於
生物體內發揮應有的功能。

DNA 基因片段

DNA 基因片段，分為表現子（Exon）和介入子（Intron）。（資料來源：鄭淑珍提供）

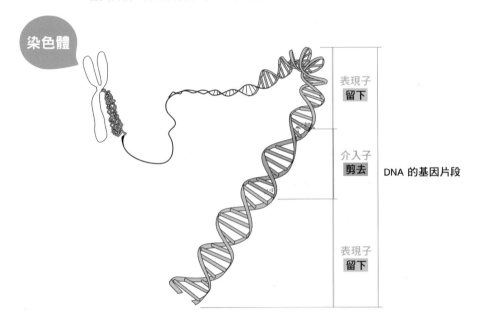

RNA 的剪接過程

RNA 剪接過程中，由核酸及蛋白因子組成的「剪接體」，會剪下不需要的介入子、組裝被保留的表現子。（資料來源：鄭淑珍提供）

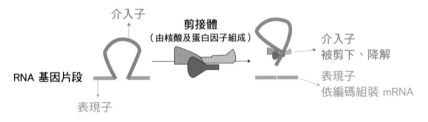

　　人體中所有的表現子，也就是能夠製造蛋白質的基因編碼，其實只占人體基因體總長度的 1.5%。為什麼這麼少的基因，卻能組合出人體中那麼多種複雜的蛋白質？為什麼在某些情況下，表現子的 DNA 序列明明無異常，卻產出奇怪的蛋白質，導致生

理異常或遺傳性疾病？

　　答案在於「RNA 剪接」是否正確運作，亦即是否能剪掉不要的介入子，並保留、組裝需要的表現子。

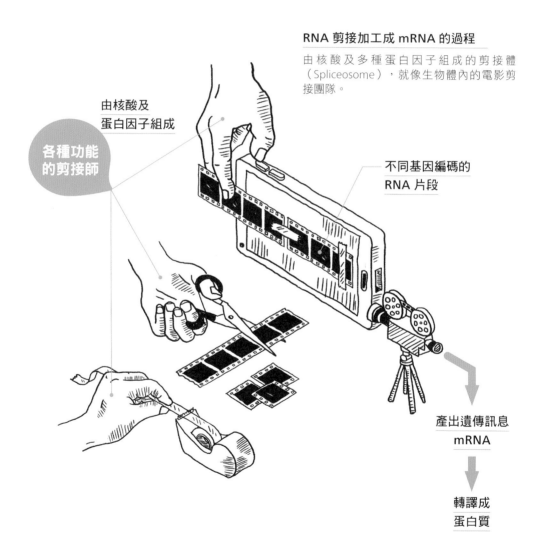

RNA 剪接加工成 mRNA 的過程
由核酸及多種蛋白因子組成的剪接體（Spliceosome），就像生物體內的電影剪接團隊。

由核酸及
蛋白因子組成

各種功能
的剪接師

不同基因編碼的
RNA 片段

產出遺傳訊息
mRNA

轉譯成
蛋白質

「捨」與「留」的精準度，關係生理健康

賈斯汀・張（Justin Chang）在《剪接師之路》（*FilmCraft: EDITING*）中談到：「剪接主要是透過減法來達成的一門藝術，否決那些對最終成果無用的元素。……這個形式經常不只是由保留了什麼來決定，被刪除了什麼也同等重要。」這個心法不單指電影剪接，生物體內的 RNA 剪接也是。我們可試著將 RNA 剪接加工成 mRNA 的過程，想像成上頁圖。

RNA基因片段，是根據DNA電影腳本拍攝出來的影片片段，而剪接體（Spliceosome）就像生物體內的剪接師團隊，將需要的影片片段留下來組裝、鋪陳為有意義的故事情節；在剪接中所不需要的畫面，就如同被剪去的介入子。

若某一步驟剪錯，不論是少了或多了一段影片片段，電影劇情就會讓人看得一頭霧水；而最終產出的錯誤蛋白質，也會讓體內生理機制滿頭問號，導致生理異常或遺傳性疾病。

建構 RNA 剪接路徑

要了解 RNA 剪接哪裡出錯，需先透澈解析剪接路徑。鄭淑珍團隊以酵母菌為模式系統，透過實驗拆解 RNA 剪接加工成為 mRNA 的步驟，找出是哪些「剪接師」——蛋白因子、蛋白複合體——參與其中。

酵母菌這種單細胞生物，有辦法幫助我們了解人體嗎？鄭淑珍說明，RNA 剪接是真核生物體內一個基本的生化反應，其機制在各種生物中大致相似。雖然人體比酵母菌複雜很多，但人體的基因數量其實只有酵母菌的 4 倍。高等生物體內，一段基

RNA 剪接路徑

（資料來源：鄭淑珍提供）

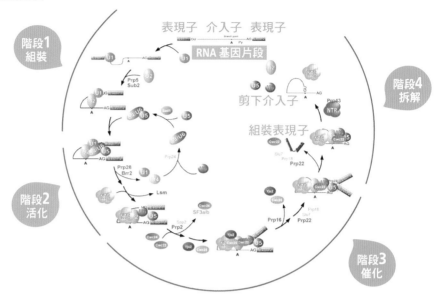

因編碼做出不只一種蛋白質，就是利用「剪接」排列組合來達成。

經過多年努力，並結合其他研究團隊提供的資訊，鄭淑珍對剪接路徑的認知如同上圖呈現。簡單來說，RNA 剪接過程可分為四個階段：組裝→活化→催化→拆解。這段過程中，由 5 個小核核醣核酸及多種蛋白因子組成剪接師團隊，擔綱剪接任務。

在 RNA 剪接過程中，有些蛋白因子負責將要被組裝的表現子拉近一點；有些蛋白複合體（例如 NTC）負責活化結構、催化剪接反應；有些蛋白複合體（例如 NTR）負責拆解結構，讓蛋白因子可以重新參與一次剪接輪迴。

其中的 NTC、NTR 蛋白複合體，和 Cwc22、Cwc24、Cwc25、Yju2 等蛋白因子，一開始沒人知道它們的存在與功能，直到鄭淑珍團隊透過生化實驗，一一拆解 RNA 剪接步驟，才發現這些默默參與反應的「剪接師團隊」。

　　自然情況下，生物體內的剪接過程有可能會出錯。例如，當剪接蛋白因子都被套牢在 RNA 基因片段上，導致新的 RNA 沒有人手來剪接，就會對細胞產生不良影響。可以這麼想像：當剪接師團隊全都在同一個電影專案上白費功夫，就會拖累了後續新電影的剪接進度。

❝ RNA 剪接研究，未完待續

　　反覆的生化實驗操作，仔細偵測實驗產物的變化，並運用想像力推論變化的原因。雖然耗時費力，鄭淑珍卻認為：「實驗程序必須很扎實，才能獲得確實的結果。很多時候實驗會碰到瓶頸，無法破解，但當想了很久終於想通突破的方法，就是做研究最開心的時候！」

　　不少遺傳性疾病跟 RNA 剪接有關，但要以此發展藥物，必須徹底了解 RNA 剪接途徑的機制，才能對症下藥。令人振奮的是，2016 年底美國 FDA 批准了一款治療脊髓性肌肉萎縮症的藥，可以矯正、調控病患運動神經元蛋白質的 RNA 剪接異常。鄭淑珍提到，這支外國團隊在此領域努力不懈地鑽研了 20 多年，最後終能攜手生技公司與藥廠合作開發新藥。臨床實驗結果證實藥物非常有效，兒童越早接受治療效果越好，是很成功的新藥。研究團隊主持人也因此獲得 2019 年相當於科學界奧斯卡獎的重大突破獎。

　　除了脊髓性肌肉萎縮症藥物研發成功的激勵，RNA 剪接研究也照進另一道曙光。RNA 剪接的途徑，從前必須透過生化實驗來推論。近年來由於冷凍電子顯微鏡技術的躍進，解出了剪接複合體的複雜結構，可以觀察剪接途徑不同階段的剪接體結構細微的

部分，相當於直接「看見」RNA 剪接過程，也得以應證過去的實驗推論。這令研究人員內心狂喜，因為剪接體的結構既複雜又不穩定，過去很難想像其結構能輕易被解出來。「很多這個領域的創始元老，都已 80 多歲，沒想到有生之年可以親眼看到這些結構，他們都很開心！」鄭淑珍的眼中也散發出期待的光芒。

雖然多理解了不少機制，但還有許多需要探索的課題，所以我們就在這個領域繼續努力。

RNA 剪接正發生在你我體內。這項領域雖已累積不少成果，但仍有很多面向有待深入研究。人們越了解它們，科學家越有機會面對因剪接缺失所造成的疾病。

❛❛ 延伸閱讀

Chung, C. S., Tseng, C. K., Lai, Y. H., Wang, H. F., Newman, A. J. & Cheng, S.-C. (2019). Dynamic protein–RNA interactions in mediating splicing catalysis. *Nucleic Acids Research, 47, 899–910.*

Liang, W. W., & Cheng, S. C. (2015). A Novel Mechanism for Prp5 Function in Prespliceosome Formation and Proofreading the Branch Site Sequence. *Genes & Development, 29(1), 81–93.*

Tseng, C. K., & Cheng, S. C. (2008). Both Catalytic Steps of Nuclear Pre-mRNA Splicing Are Reversible. *Science, 320(5884), 1782–1784.*

Chan, S. P., Kao, D. I., Tsai, W. Y. & Cheng, S. C. (2003). The Prp19p-associated Complex in Spliceosome Activation. *Science, 302, 279–282.*

研之有物

人體基因編輯是什麼？

認識基因神剪 CRISPR

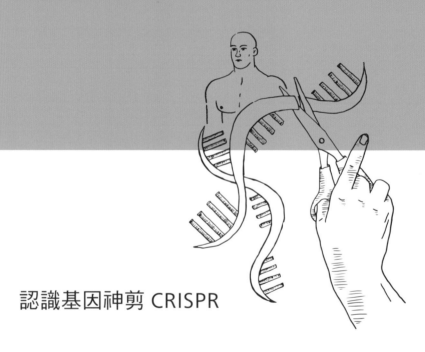

Lesson 21

CRISPR 的原理與應用

2018 年 11 月，中國基因編輯寶寶引起舉世譁然！
這個事件的前因，要追溯到 2012 年橫空出世的基因
剪刀 CRISPR，讓人類從此可精準、快速、便宜地編輯
DNA。但這把剪刀目前仍有技術瓶頸，只適合治療可
拿出體外的免疫細胞。中央研究院生物化學研究所的
凌嘉鴻助研究員與團隊，正致力鑽研這項正在翻轉世
界的基因神器 CRISPR。

為什麼需要基因編輯？

編輯人體基因，就是修改人體 DNA，主要動機是根治基因突變引發的疾病。但是我們真的需要基因編輯來治病嗎？

由於 DNA 是生命的藍圖，指揮細胞生產蛋白質，維持人體的生長與運作。當 DNA 的重要位置發生突變，「細胞工廠」運作便會失控，就有可能造成生理失調，甚至引致白血病等重大遺傳疾病。「生病可以吃藥，但基因突變造成的疾病，單憑藥物只能控制病情。」凌嘉鴻解釋，「因為基因突變是從藍圖就錯了，細胞永遠只能製造錯誤的蛋白質。想要根治，最好直接更正藍圖，修改 DNA。」

基因編輯可以從源頭下手，找到錯誤的 DNA 片段，用一把分子「剪刀」切開，剔除這個錯誤的基因，或是在缺口處「貼上」正確的 DNA 片段。因此必須先有一把精準、能夠剪開 DNA 雙螺旋的好剪刀，CRISPR 就是當前最好用的一把。有趣的是，它來自細菌的免疫系統。

細菌裡的基因剪刀，快狠準摧毀病毒 DNA

1987 年，日本科學家在大腸桿菌的基因體發現一段古怪的規律序列：某一小段 DNA 會一直重複（Repeat），重複片段之間又有一樣長的間隔（Spacer）。因其功能不明，科學家便把這段序列叫做 CRISPR（clustered, regularly interspaced, short palindromic repeats）。後來科學家陸續發現，許多細菌都有 CRISPR，它是細菌免疫系統的一種機制，可以記憶曾經來犯的病毒。當時意想不到的是，這個看似不起眼的 DNA 片段，將會引

現代的基因編輯技術

過去基因突變引發的疾病，藥物無法根治，必須終身吃藥。現代的基因編輯技術，可以徹底根治基因缺陷，就像用文書軟體修改錯誤一樣：找到錯字（發現突變基因）、刪除錯字（剪下突變基因）、補上正確的字（貼上正確基因）。（資料來源：凌嘉鴻提供）

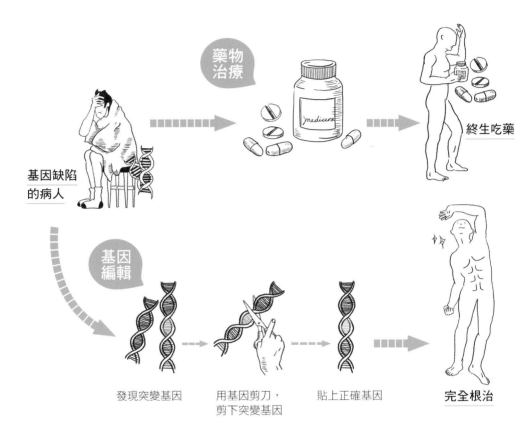

爆基因編輯的大狂潮！

　　故事是這麼開始的：當病毒入侵細菌後，會把自己的 DNA 注入細菌中，企圖霸占細菌工廠的資源以複製新病毒。但細菌也不會束手就擒，它們的免疫系統可以辨識、摧毀病毒的 DNA。

這是一場微觀世界的閃電戰，細菌的反擊必須夠快、夠準，才有機會存活。

　　經歷一場血戰後，倖存的細菌會挑選一段病毒的 DNA 碎片，插入自己的 CRISPR 序列（增加一段 Spacer），就像為病毒建立「罪犯資料庫」。當病毒第二次入侵，細菌就能依靠 CRISPR 序列快速辨識出這種病毒，並於第一時間反殺，提高存活率。

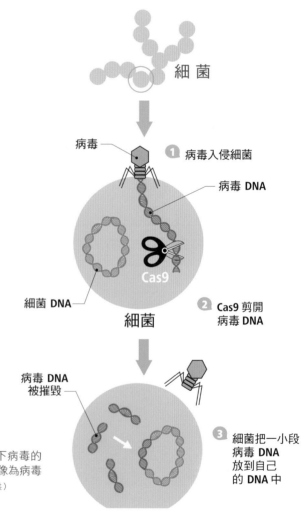

細菌的 Cas9

細菌遇到病毒入侵，細菌的 Cas9 會剪下病毒的一段 DNA，插在自己的基因組上，就好像為病毒建立「罪犯資料庫」。（資料來源：凌嘉鴻提供）

細菌如何認出病毒呢？首先，細菌會用舊病毒的 DNA 片段（Spacer）當模板，打造一條互補的引導 RNA，例如病毒 DNA 的鹼基是 T、RNA 是 A，DNA 是 G、RNA 是 C，或是互相顛倒。引導 RNA 再利用這種互補關係，比對新病毒 DNA 片段，如果可以互補，表示新舊病毒相同。接著，細菌體內的武裝警察——可以切割 DNA 的酵素（例如某些細菌裡的 Cas9）——會抓著這段引導 RNA（嫌犯資料），「盤查」新病毒的 DNA，看看有沒有與引導 RNA 互補的段落。這一次反過來，RNA 是 A，DNA 是 T；RNA 是 C，DNA 是 G，或是互相顛倒。一旦找到了，Cas9 便會立刻剪開「被認出」的 DNA 片段，當 DNA 被剪斷摧毀後，病毒自然就沒戲唱了。這種細菌的免疫機制，統稱為 CRISPR。

〝 基因神剪 CRISPR

　　這麼基礎的細菌免疫學，跟基因編輯有什麼關係呢？想想，基因編輯的關鍵即是找到一把可以切開 DNA、又不會隨便亂剪的分子級剪刀。而細菌的 Cas9 酵素，憑藉一段引導 RNA，就能精準「喀擦」掉鎖定的 DNA 片段。好剪刀，不用嗎？

　　實務上的操作方法很簡單：先將 Cas9 做好、放入冰箱，當想要剪下某段 DNA，就訂做一條互補的引導 RNA。然後將 Cas9 解凍，與引導 RNA 結合，再用電擊的方式進入細胞，讓它剪下錯誤的基因。壞基因剪下來了，又該如何貼上好的基因？因為細胞天生能自動修補受損的 DNA，只要把正確的基因送進細胞核，就有機會被細胞拿來修補 Cas9 剪下的斷口，完成基因編輯。

研之有物

CRISPR 如何工作

1　製作引導 RNA，紅色是與 DNA 互補的序列，
藍色部分讓 Cas9 可以「抓住」RNA。

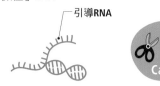

引導RNA

Cas9

2　Cas9 和引導 RNA 進入細胞，引導 RNA 找到互
補的 DNA 序列，由 Cas9 剪開。

細胞

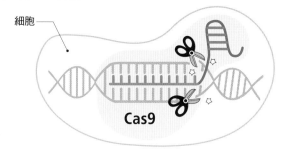

Cas9

3　送入正確的基因，就有機會黏貼在斷口處。

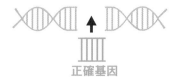

正確基因

❝　基因編輯技術大躍進

　　CRISPR 不是第一把基因編輯剪刀。早在 1990 年代，科學
家就開發了許多種能「剪開」DNA 的酵素。每種酵素有自己的

特殊結構，只能跟特定的 DNA 片段結合，藉此精準切割目標基因。只不過，如果研究者想剪開另一段 DNA，即使序列只有一點點差異，也要花費兩、三個月重新設計與組裝全新的酵素，技術複雜、耗時又花錢。

直到 2012 年，科學家終於找到 CRISPR 這把神剪。它不像過去的酵素剪刀，每剪一種基因就得設計、組裝一把新的剪刀。CRISPR 從頭到尾只用一把萬能酵素剪刀 Cas9，加上一條引導 RNA，就能切割所有的 DNA。若目標基因更換，即訂購一條 RNA 就好，不需要重新設計複雜的酵素，這讓技術和價格的門檻大大降低。

當 CRISPR 一問世，立刻鋪天蓋地被應用在細菌、真菌、動物、植物與人類醫學。與 CRISPR 相關的論文數量，2010 年時還不到 50 篇，到了 2015 年已暴增到 1,100 篇。

🙶 基因編輯治療免疫疾病，潛力無窮

你或許會問：「既然 CRISPR 這麼好用，是不是可以終結所有的遺傳疾病？」可惜的是，這把剪刀目前仍有很多技術上的瓶頸，還不能直接把 Cas9 打進活體，必須把細胞取出再進行基因編輯較安全。例如：將免疫細胞取出以進行基因編輯，再放回體內。

「最重要的瓶頸之一，是這把細菌的基因剪刀用在人體的 DNA，不是百分之百準確。」凌嘉鴻慎重提醒。

由於 Cas9 能辨認的序列是 23 個鹼基，但人體 DNA 鹼基序列有 65 億個；Cas9 想要找到正確的序列，宛如大海撈針。以統計學方法來算，要從 65 億個鹼基序列裡找到一條獨一無二的序

基因編輯

目前基因編輯還不適合直接編輯人體內的細胞，比較安全的做法是把細胞拿出，在體外編輯。例如：修正免疫細胞的基因，治療免疫疾病。（資料來源：凌嘉鴻提供）

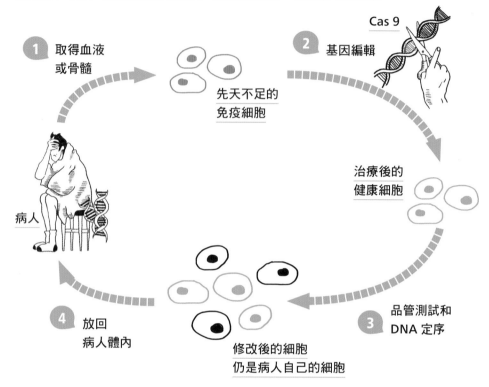

1 取得血液或骨髓

先天不足的免疫細胞

2 基因編輯

Cas 9

治療後的健康細胞

病人

3 品管測試和 DNA 定序

4 放回病人體內

修改後的細胞仍是病人自己的細胞

列，長度至少要 28 個，若低於這個數字，找到的可能只是相似的序列，因此 Cas9 無法保證統統剪對位置。當 Cas9 切錯位置，可能造成難以想像的副作用。

「目前比較安全的做法，是先從病人體內取出細胞修改，確定沒問題之後，再放回體內。」凌嘉鴻說明。

不過，大部分的細胞和組織都不可能任意取出，只有隨時

懸浮在血液中的免疫細胞，抽血就能取得。如果有人免疫細胞先天不足，可以先把它們取出體外以修改基因，例如把 T 細胞取出來，「教會」它們癌細胞長什麼樣子，再把「變聰明」的 T 細胞放回體內，將癌細胞找出摧毀。

近幾年，許多醫藥或癌症研究轉向 CRISPR，像中國很早即開始將 CRISPR 搭配免疫療法，美國、歐洲也漸漸跟上。CRISPR 還可用在幹細胞——先從病人身體取出幹細胞，在體外進行基因編輯，之後放回體內分化成各種健康細胞。這些實證研究，都說明 CRISPR 擁有無窮的潛力，未來可望成為醫療重要助力。

研之有物

隨心所欲
編輯人體基因的時代來了？

——專訪凌嘉鴻

> ## 人體基因編輯的現況與未來

2020 年諾貝爾化學獎，由基因編輯技術 CRISPR 發明者
——珍妮佛・道納（Jennifer A. Doudna）及伊曼紐・夏彭提
耶（Emmanuelle Charpentier）兩位女科學家同摘桂冠。基因神
剪 CRISPR 宛如科技魔戒，威力橫掃全球，多數科學家積極利用

這項技術改良物種，甚至人類自身。然而，編輯人體基因已經安全且毫無副作用了嗎？中研院生物化學研究所助研究員凌嘉鴻，曾在珍妮佛・道納博士的實驗室工作，他見證了 CRISPR 研究的爆炸性突破，也深知基因編輯的技術與倫理界線。比起拿著 CRISPR 神剪改造人類，他更想將這把剪刀改得更安全。

 Q 2018 年發生基因編輯寶寶的爭議，
作為人體基因編輯專家，您怎麼看？

「基因編輯寶寶事件」是中國生物學家賀建奎和他的團隊，利用 CRISPR 技術，修改人類受精卵的 CCR5 基因，目的是讓胚胎在發育過程中對愛滋病毒免疫。因為當父母有一方是愛滋帶原者，胚胎發育的過程中就可能會感染愛滋病毒。

2018 年 11 月，賀建奎宣稱經由剪除 CCR5 基因，能讓胚胎對愛滋病毒免疫，並且已有一對基因經過編輯的雙胞胎姊妹誕生。這對姊妹的父親是愛滋病帶原者，但兩姊妹出生後均未感染愛滋。

 Q 讓寶寶不會感染愛滋應該很有意義，
為什麼會引起全世界的科學家跳腳反彈？

主要原因有三：

一、這個實驗是沒有必要的冒險。當夫妻一方感染愛滋病，又想要生下健康寶寶，可以有更好、更安全的醫療方案，不需要進行仍有很大風險的基因編輯。

二、這次基因編輯的雙胞胎，其實只有一個實驗成功；另

一顆受精卵雖然也放入 CRISPR，卻沒有切掉 CCR5 基因。但是，賀建奎竟將這顆實驗失敗的受精卵也放到母體孕育，這讓科學界無法接受！

因為這顆失敗的受精卵，不但沒有達到抗愛滋的醫療初衷，出生的寶寶還必須承受巨大風險。如果 CRISPR 剪到其他基因，可能為這個新生命帶來難以承受的後果。

三、雖然剔除基因 CCR5 可能抵抗愛滋病毒，但這個基因會不會有其他重要、人類還沒發現的功能？剪掉這個基因會不會造成嚴重的副作用？目前的科學仍無法預料。

 看來基因編輯仍有科學與倫理上的爭議界線，除此之外，CRISPR 還有什麼風險？

CRISPR 門檻很低，許多研究者很快將其發展到應用面。但我比較關心安全性、副作用等問題。在細胞裡丟進一把剪刀和 DNA，難道細胞完全不會有反應嗎？我不太相信。

近期我的實驗室發現，細胞對外來 DNA 跟 RNA 的免疫反應很激烈：細胞會認出這些 RNA 跟 DNA 不是自己的，因而產生發炎反應，甚至放出求救訊號：「有奇怪的 RNA 或 DNA 出現！」如果細胞對 CRISPR 出現發炎反應，未來想在活體上進行治療，就會產生麻煩。

另一個重要的問題：雖然現在有一把精準有效的基因剪刀，但修復過程由細胞控制，跟剪刀完全沒有關係。理想狀況下，當 Cas9 剪開 DNA 時，有機會更改 DNA，但細胞願不願意將正確的 DNA 片段接上去？當細胞已出現發炎反應，它會怎麼修復 DNA？目前仍沒辦法掌握。

細胞會怎麼修復自己的 DNA？

最重要的 DNA 修復方式有兩種：

一種是非同源性末端結合（NHEJ）：直接將 DNA 雙股斷裂的尾端拉近、黏上。如果細胞選擇這條路，就不會接受外來的 DNA 片段。

另一種是同源性重組（HDR）：正常的 DNA 有兩副，今天斷在某一副的某個位置，另一副通常不會這麼巧合斷在同一個位置，可以作為修復模板，複製一段正確 DNA，接在 DNA 的斷口處。

細胞修復 DNA

細胞修復 DNA 有兩條路，NHEJ 是直接把斷裂處接起來，HDR 是拿另一副 DNA 做模板複製正確的 DNA 片段，接在斷裂處。當細胞選擇走 HDR，才有可能接受外界送入的正確基因。（資料來源：凌嘉鴻提供）

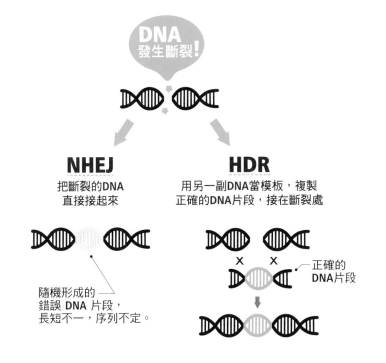

當細胞選擇走 HDR 這條路，才有可能接受我們送進去的 DNA 片段，完成基因編輯。可惜的是，細胞喜歡走 NHEJ，直接把斷掉的 DNA 兩端接起來，雖然這條路很有效率，但 DNA 序列容易多一些或少一些，影響蛋白質的合成。

Q 細胞為什麼會喜歡容易出錯的修補方式呢？

原因可能是：人體 65 億個鹼基序列上，真正存放基因的只有 1~2%，其他 98% 還不清楚有什麼功能。細胞的概念是：DNA 斷在不重要位置的機率比較高，直接接上至少速度快。

HDR 雖然可以精準複製 DNA，但其實更危險。因為基因體序列重複性高，胡亂交換 DNA 片段的機率也很高，所以很多細胞寧可不走這條路。

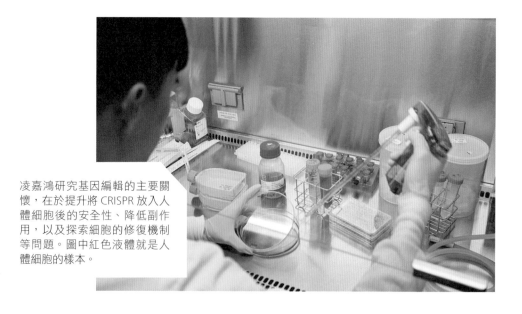

凌嘉鴻研究基因編輯的主要關懷，在於提升將 CRISPR 放入人體細胞後的安全性、降低副作用，以及探索細胞的修復機制等問題。圖中紅色液體就是人體細胞的樣本。

總而言之，每種細胞面對 CRISPR 的反應不太一樣，有些細胞的開關是 HDR 一半、NHEJ 一半。幹細胞或一些免疫細胞，則偏好完全走 NHEJ 修復。我們會特別選一些喜歡 NHEJ 的人體細胞做研究，了解細胞做決定的關鍵因素。

 未來 CRISPR 可以提供哪些新治療方式？
是否可能做成藥劑？

　　這是另一個技術瓶頸。CRISPR 一定要成為藥劑，才能廣泛使用。例如：當病人的心臟有基因突變，不需開刀剖開心臟，只要將 CRISPR 包入膠囊吃下去，或是注射進血液，經過血液循環系統，就能抵達生病的心臟細胞進行治療。但這麼一來，CRISPR 必須能「精準」傳送到需要治療的細胞，就像寄包裹般抵達正確的地址。

　　目前最簡單的構想是：用一層膜包起 Cas9 跟 RNA，膜上有一些結構，能夠辨識特定的人體細胞。當這個「包裹」進入血液、組織、器官，找到正確目標（正確地址），才會把 Cas9 跟 RNA 送進細胞。

　　有人嘗試用病毒來「包裝」Cas9 與運送，因為大自然中有很多病毒專門攻擊某個生物或器官。有人選擇用奈米材質的包裹，例如：病人的肌肉細胞基因突變，可以把奈米材質包裹注射到肌肉附近，讓它局部擴散，至少可治療某區的細胞。

　　雖然 CRISPR 比過去的基因剪刀好用多了，但這把剪刀的精準度、後續的細胞反應、DNA 修復方式以及藥物傳送問題……都還需要更多研究。我希望把 CRISPR 改到沒有副作用，可以精準地、完全地交換到正確的 DNA。

如果 CRISPR 沒有副作用，並能做成藥劑，
就可以打造完美寶寶嗎？

　　技術上還是不可能。CRISPR 只是一把精準的基因剪刀，你得告訴它要剪什麼基因。前面說過，我們對人類基因體的了解可說是非常淺薄，光是想要改造身高，到底涉及哪些基因、它們又是怎麼運作的？科學家對其機制仍然不清楚。

　　更重要的是，一個基因在成長各個階段會扮演不同的角色，或在不同細胞有不同功能。把這些基因一口氣改掉，有什麼影響、會不會有危險？我們都不知道。

　　另外，許多實驗在研究室可以做，但如果要實際應用到人類醫療，就會產生道德和倫理的問題。這個底線應該是整個社會一起討論，不是由科學家單方面決定。

　　舉例來說：孕婦做產檢時，如果發現肚裡的寶寶有基因缺陷，每位媽媽一定都希望在受精卵或胚胎上修好寶寶的基因，以免孩子出生後受苦。這條界線可以繼續往前推：未來地球越來越髒亂，加上氣候異常等環境惡化因素，恐怕會讓小孩更容易罹癌。即使基因沒突變，是不是也能預防重於治療，把每個胚胎的基因都改得好一點？

　　總之，你可以有千百種理由推進這條底線，但推到哪裡是紅線？身高、眼睛、頭髮，什麼都要改嗎？我們是不是要培育出超級人種？這些都存在著爭議。

　　另外，基因編輯技術絕對很昂貴，只有少數人負擔得起。如果富人能隨意修改，更不容易生病、活得更久或具特殊優勢，也可能帶來另一種社會對立與不平等。憑什麼他們可以使用，其他人卻不行？

我認為罕見疾病或致命疾病應該治療，但千萬不要走向超級人類或完美寶寶，創造出另一種社會不公平，這是政府、國家必須立法規範的。

您博士班學的是基礎微生物學，
後來為什麼轉向人體基因編輯研究？

　　完全是誤打誤撞。我在博士班研究的是細菌怎麼合成天然物，有次，CRISPR 發明人之一的道納博士到我們學校演講，解析蛋白質結構的生化技術。我對這個主題很感興趣，便主動寄信給道納博士，洽詢能否到她實驗室做研究？面試時，她提到 CRISPR 是細菌的免疫機制，剛好我念微生物學，可以幫得上忙，於是就順利錄取了。

凌嘉鴻（右一）本來是微生物學家，博士班畢業後，「誤打誤撞」進入 CRISPR 發明人之一的道納博士的實驗室，參與、見證了 CRISPR 的爆炸性發展。現在，他在中研院帶領年輕科學家，繼續努力將這把神剪改得更精準、更安全。

沒想到，我正式加入她的實驗室時，碰巧遇上 CRISPR 和 Cas9 研究大突破，成為最熱門的基因編輯技術。結果面試的項目完全撤在一邊，我也一起全心投入基因編輯的研究。那時每天都很忙碌、很像坐雲霄飛車，但非常值得，畢竟這種見證歷史的機會很難能可貴。

 對於人體基因編輯有什麼建議或提醒？

大家不要只憑直覺，想像基因編輯多美好或多可怕，可以多多了解相關知識。當大眾有了正確的知識，才能共同討論、判斷它的底線應該畫在哪裡。

另外，CRISPR 仍有很多瓶頸待突破，讓這項技術更精準、更安全。這需要科學家們一起努力，徹底了解這把剪刀，把它改得更好。

最後，基礎科學非常重要，是許多研究的基石，目前還有很多東西等待發現。試想，如果過去科學家不曾研究細菌免疫學，就無法發現 CRISPR 了。唯有我們對基礎生物學夠了解，才能繼續發現新東西。

❝❝ 延伸閱讀

Lin, S., Staahl, B. T., Alla, R. K., & Doudna, J. A. (2014). Enhanced homology-directed human genome engineering by controlled timing of CRISPR/Cas9 delivery. *ELife*, 3.

Schumann, K., Lin, S., Boyer, E., Simeonov, D. R., Subramaniam, M., Gate, R. E., Haliburton, G. E., Ye, C. J., Bluestone, J. A., Doudna, J. A., & Marson, A. (2015). Generation of knock-in primary human T cells using Cas9 ribonucleoproteins. *PNAS, 112(33), 10437–10442.*

研
之
有
物

科學人文 81

研之有物

見微知著！中研院的 21 堂生命科學課

作者	中央研究院研之有物編輯群
	編輯／劉芝吟、簡克志、林洵安
	特約採訪撰述／黃曉君、林婷嫻、林任遠、林承勳、王怡蓁、江佩津、
	歐宇甜、莊崇暉、柯旂
校對	中央研究院研之有物編輯群、各篇受訪研究員、張擎
主編	王育涵
資深編輯	張擎
責任企畫	林進韋
美術設計	吳郁嫻
插畫	吳郁嫻
總編輯	胡金倫
董事長	趙政岷
出版者	時報文化出版企業股份有限公司
	108019 臺北市和平西路三段 240 號 7 樓
	發行專線｜ 02-2306-6842
	讀者服務專線｜ 0800-231-705 ｜ 02-2304-7103
	讀者服務傳真｜ 02-2302-7844
	郵撥｜ 1934-4724 時報文化出版公司
	信箱｜ 10899 臺北華江郵政第 99 信箱
時報悅讀網	www.readingtimes.com.tw
人文科學線臉書	https://www.facebook.com/humanities.science/
法律顧問	理律法律事務所、陳長文律師、李念祖律師
印刷	華展印刷有限公司
初版一刷	2021 年 12 月 17 日
初版三刷	2022 年 9 月 20 日
定價	新臺幣 460 元

ISBN 978-957-13-9574-6 ｜ Printed in Taiwan

研之有物 : 見微知著！中研院的 21 堂生命科學課｜中央研究院研之有物編輯群著 .
-- 初版 .-- 臺北市：時報文化，2021.12｜面；17×23 公分 .(科學人文 ; 81)
ISBN 978-957-13-9574-6（平裝）｜ 1. 生命科學 2. 生物技術 3. 生物醫學工程｜ 360 ｜ 110017034

時報文化出版公司成立於一九七五年，並於一九九九年股票上櫃公開發行，於二〇〇八年脫離中時集團非屬旺中，以「尊重智慧與創意的文化事業」為信念。